KB007779

한 달에 한 번은,
나를 위한 파인다이닝

한 달에 한 번은,
나를 위한 파인다이닝

샘킴 지음 **강희갑** 사진

What you eat is who you are.

무엇을 먹는가가 당신을 보여준다.

Contents

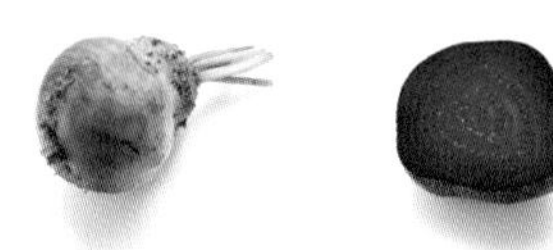   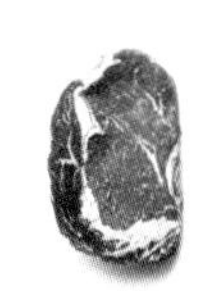 

자주 쓰는 재료

{ 로브스터 }

보관온도
-20℃~0℃
보관일
7일

구입요령
냄새가 나지 않고 들어보았을 때 무거우며 손으로 눌러보았을 때 탄력이 있는 것이 좋다.

유사재료
굴가재 (가재와 비슷하게 생긴 갑각류로 몸빛은 희고 투명하다.)

보관법
토막내 보관하면 로브스터 특유의 단맛이 빠져나가 다음 요리시 맛이 떨어지게 되므로 되도록 자르지 않고 통째로 밀폐용기에 넣어 냉동보관하는 것이 좋다.

손질법
머리와 꼬리를 잡아 비틀어서 껍데기를 분리하고 가위로 꼬리 안쪽 껍데기의 양끝을 자른다. 머리쪽 살 부분부터 꼬리 쪽 살 방향으로 조심스럽게 잡아서 발라낸다.

산지특성 및 기타정보
미국 동부 연안, 캐나다의 뉴펀들랜드에 분포한다.

{ 장어 }

구입요령
등 빛깔이 회흑색, 다갈색, 진한녹색인 것이 특히 맛이 좋다. 살이 미끈하고 눈이 투명한 것이 신선하다.

유사재료
먹장어 (장어에는 정력을 증강시키는 뮤신이 함유되어 있으며 먹장어보다 크기가 크다.)

보관온도
-20℃~0℃
보관일
1개월

산지특성 및 기타정보
강, 호수, 늪, 논 등 대부분의 민물에서 자생하며 바다에서도 자생한다. 우리나라를 비롯한 일본, 중국, 대만, 필리핀, 유럽 등에 분포한다.

보관법
먹기 좋은 크기로 손질하여 냉동보관한다. 해동한 후 재냉동하면 맛이 떨어진다.

손질법
장어 등 쪽에 칼집을 넣어 내장과 뼈를 발라낸 뒤 뜨거운 김을 쐬고 얼음물에 담가 진액을 제거한다. 각 요리에 맞게 손질하여 사용한다.

{ 소고기 : 등심 }

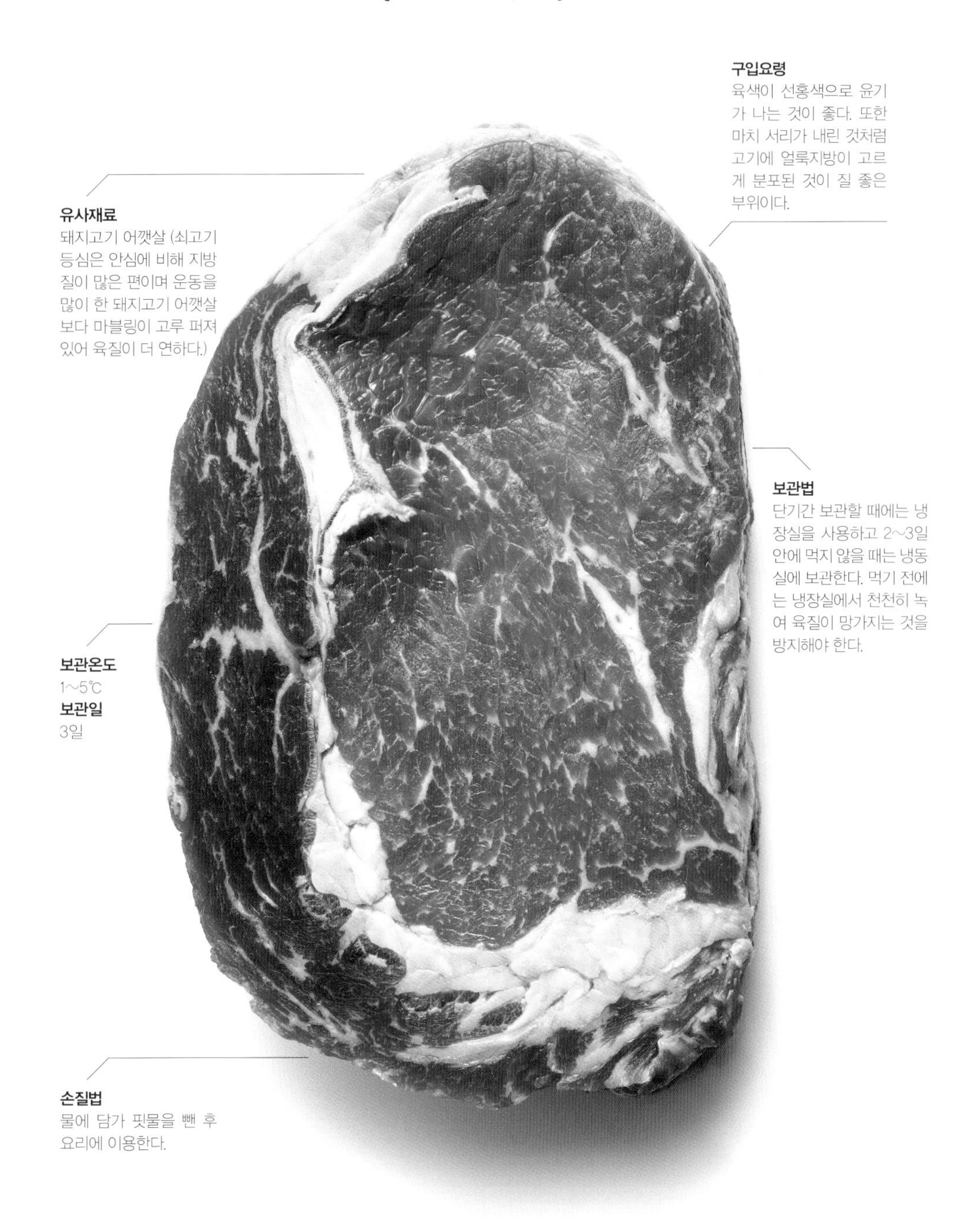

구입요령
육색이 선홍색으로 윤기가 나는 것이 좋다. 또한 마치 서리가 내린 것처럼 고기에 얼룩지방이 고르게 분포된 것이 질 좋은 부위이다.

유사재료
돼지고기 어깻살 (쇠고기 등심은 안심에 비해 지방질이 많은 편이며 운동을 많이 한 돼지고기 어깻살보다 마블링이 고루 퍼져 있어 육질이 더 연하다.)

보관법
단기간 보관할 때에는 냉장실을 사용하고 2~3일 안에 먹지 않을 때는 냉동실에 보관한다. 먹기 전에는 냉장실에서 천천히 녹여 육질이 망가지는 것을 방지해야 한다.

보관온도
1~5℃
보관일
3일

손질법
물에 담가 핏물을 뺀 후 요리에 이용한다.

{ 금태 }

구입요령
눈알이 튀어나오고 맑으며 아가미가 선명한 붉은색을 띠는 것을 고른다.

유사재료
굴비, 조기

보관온도
-20℃~0℃
보관일
1개월

보관법
먹기 좋은 크기로 손질하여 냉동보관한다.

손질법
아가미를 통해 내장을 빼고 꼬리와 지느러미를 제거 후 깨끗이 씻는다.

산지특성 및 기타정보
난류성 어종으로 수온이 10~20℃인 제주 및 남해안 해역에 서식한다.

{ 우럭 }

구입요령
눈알이 튀어나오고 맑으며 아가미가 선명한 붉은색을 띠는 것을 고른다.

유사재료
양볼락 (볼락과로 외양이 비슷하나 비교하였을 때 배 쪽이 더 붉은 것이 양볼락이다.)

보관온도
0~5℃
보관일
3일

보관법
기본 손질을 한 뒤 밀봉하여 냉장보관한다.

손질법
비늘을 정리하고 지느러미와 내장을 제거한 뒤 깨끗이 씻는다.

산지특성 및 기타정보
수온이 따뜻한 바다에서 많이 자생한다.

{ 대구 }

구입요령
싱싱한 생선의 껍질은 광택이 나고 비늘이 단단히 붙어 있다. 눈은 튀어나오고 맑으며 아가미가 붉은 것을 고른다.

유사재료
명태 (명태는 대구에 비해 크기가 작고 빛깔이 검은 편이다.)

보관온도
-20℃~0℃

보관일
1개월

보관법
소금을 뿌려 팩에 담아서 랩으로 싼 후 냉장실이나 냉동실에 보관한다.

손질법
생선을 통째로 구입했을 때는 머리와 내장을 떼낸 다음 껍질을 벗겨 얇게 포를 뜬다.

산지특성 및 기타정보
수심 150~200m 전후에서 서식한다. 한국산 대구는 몸의 생김새에 따라 동해계와 서해계로 구분되는데 서해계가 크기가 작다.

{ 광어 }

유사재료
도다리 (광어는 눈이 좌측에 있고, 도다리는 눈이 우측에 있어 구별된다.)

구입요령
너무 큰 것도 맛이 없고 2kg 정도의 것이 적당하다. 전체적으로 표면이 매끄럽고 살이 투명하며, 붉은빛이 도는 흰색이면 신선하다. 윤기가 없는 것은 오래된 것이므로 피한다.

보관온도
0~5℃
보관일
1일

보관법
손질한 광어는 살을 발라내어 소금, 후추, 밀가루까지 뿌려 랩에 싸서 냉동보관하면 된다. 뼈도 버리지 말고 용기에 담아 랩을 씌워 냉동보관해두었다가 매운탕 등의 찌개에 이용하면 시원한 국물을 낼 수 있다.

손질법
납작한 생선이므로 가자미와 같은 요령으로 손질한다. 광어는 횟감으로 많이 이용되는데 포를 떠서 먹기 좋게 저며야 한다. 비늘을 벗기고 내장을 제거한 후 깨끗이 씻어 물기를 닦고 포를 뜬다.

산지특성 및 기타정보
광어는 넙치라고도 하며 우리나라 전 연안에 많고, 가자미과에 속한다. 서해 연안에 서식하다가 가을에 다시 남하하는 남북회유를 한다. 우리나라, 일본, 남중국해에 많이 분포한다.

{ 콜리플라워 }

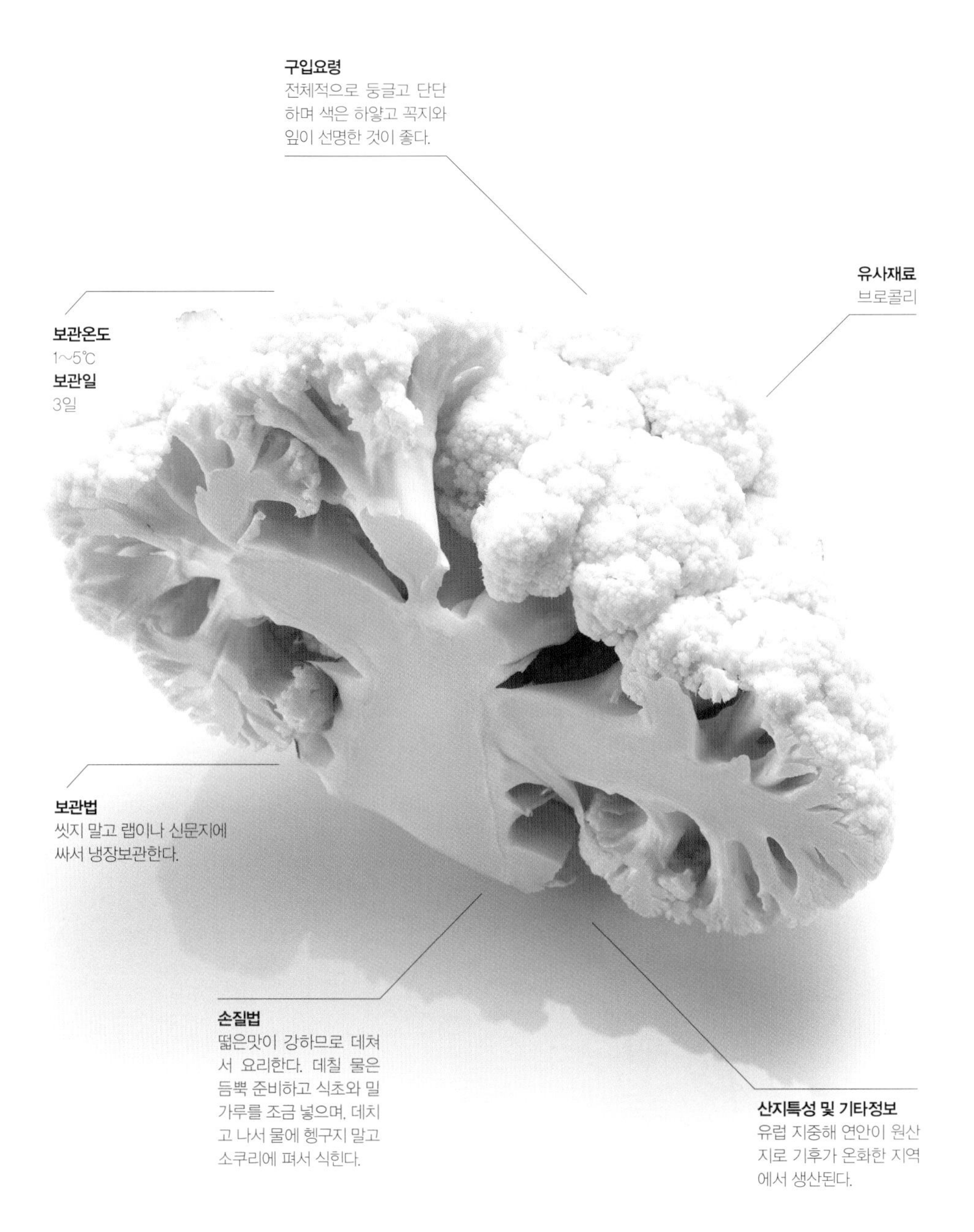

구입요령
전체적으로 둥글고 단단하며 색은 하얗고 꼭지와 잎이 선명한 것이 좋다.

유사재료
브로콜리

보관온도
1~5℃
보관일
3일

보관법
씻지 말고 랩이나 신문지에 싸서 냉장보관한다.

손질법
떫은맛이 강하므로 데쳐서 요리한다. 데칠 물은 듬뿍 준비하고 식초와 밀가루를 조금 넣으며, 데치고 나서 물에 헹구지 말고 소쿠리에 펴서 식힌다.

산지특성 및 기타정보
유럽 지중해 연안이 원산지로 기후가 온화한 지역에서 생산된다.

{ 펜넬 }

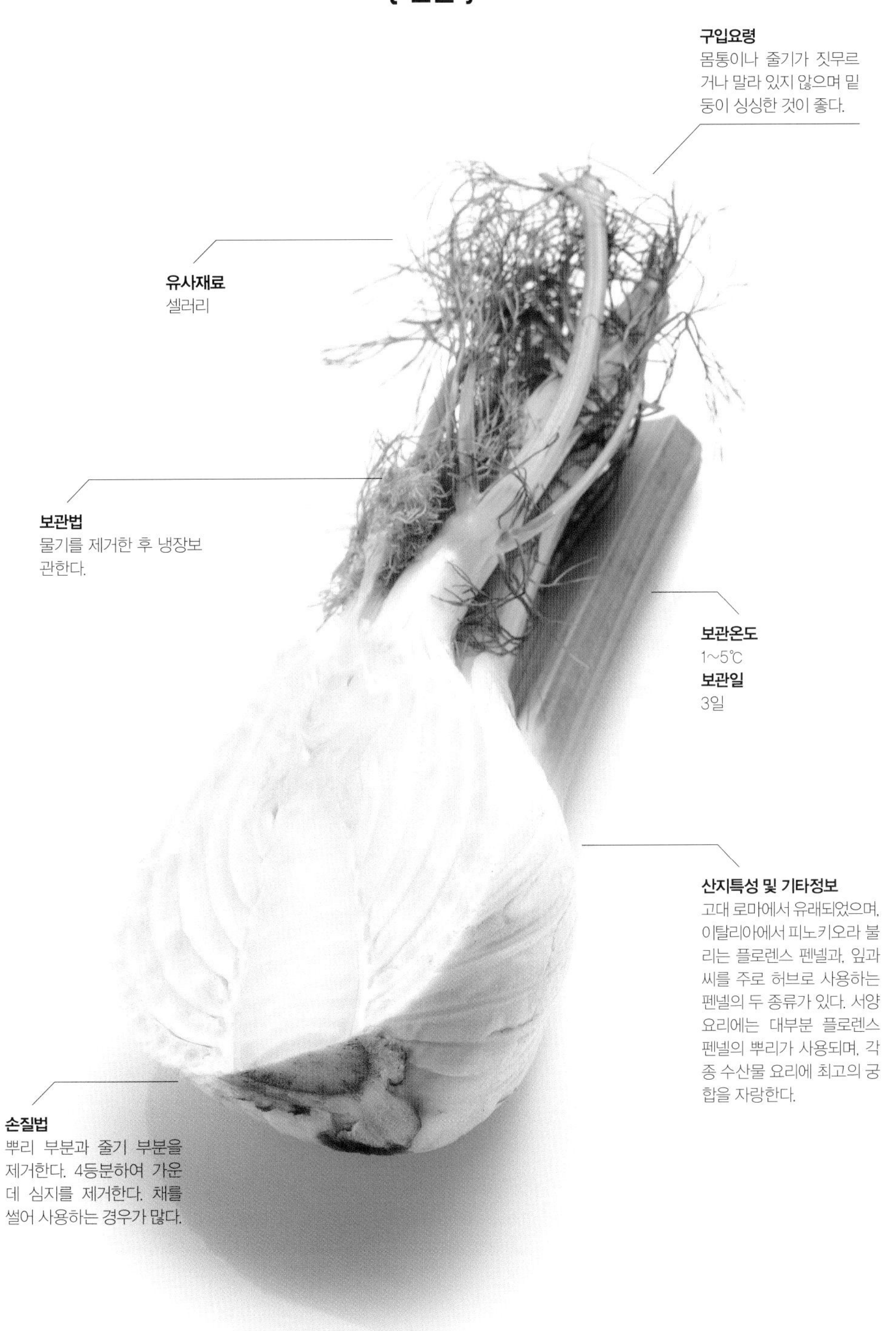

구입요령
몸통이나 줄기가 짓무르거나 말라 있지 않으며 밑동이 싱싱한 것이 좋다.

유사재료
셀러리

보관법
물기를 제거한 후 냉장보관한다.

보관온도
1~5℃
보관일
3일

산지특성 및 기타정보
고대 로마에서 유래되었으며, 이탈리아에서 피노키오라 불리는 플로렌스 펜넬과, 잎과 씨를 주로 허브로 사용하는 펜넬의 두 종류가 있다. 서양요리에는 대부분 플로렌스 펜넬의 뿌리가 사용되며, 각종 수산물 요리에 최고의 궁합을 자랑한다.

손질법
뿌리 부분과 줄기 부분을 제거한다. 4등분하여 가운데 심지를 제거한다. 채를 썰어 사용하는 경우가 많다.

{ 라디치오 }

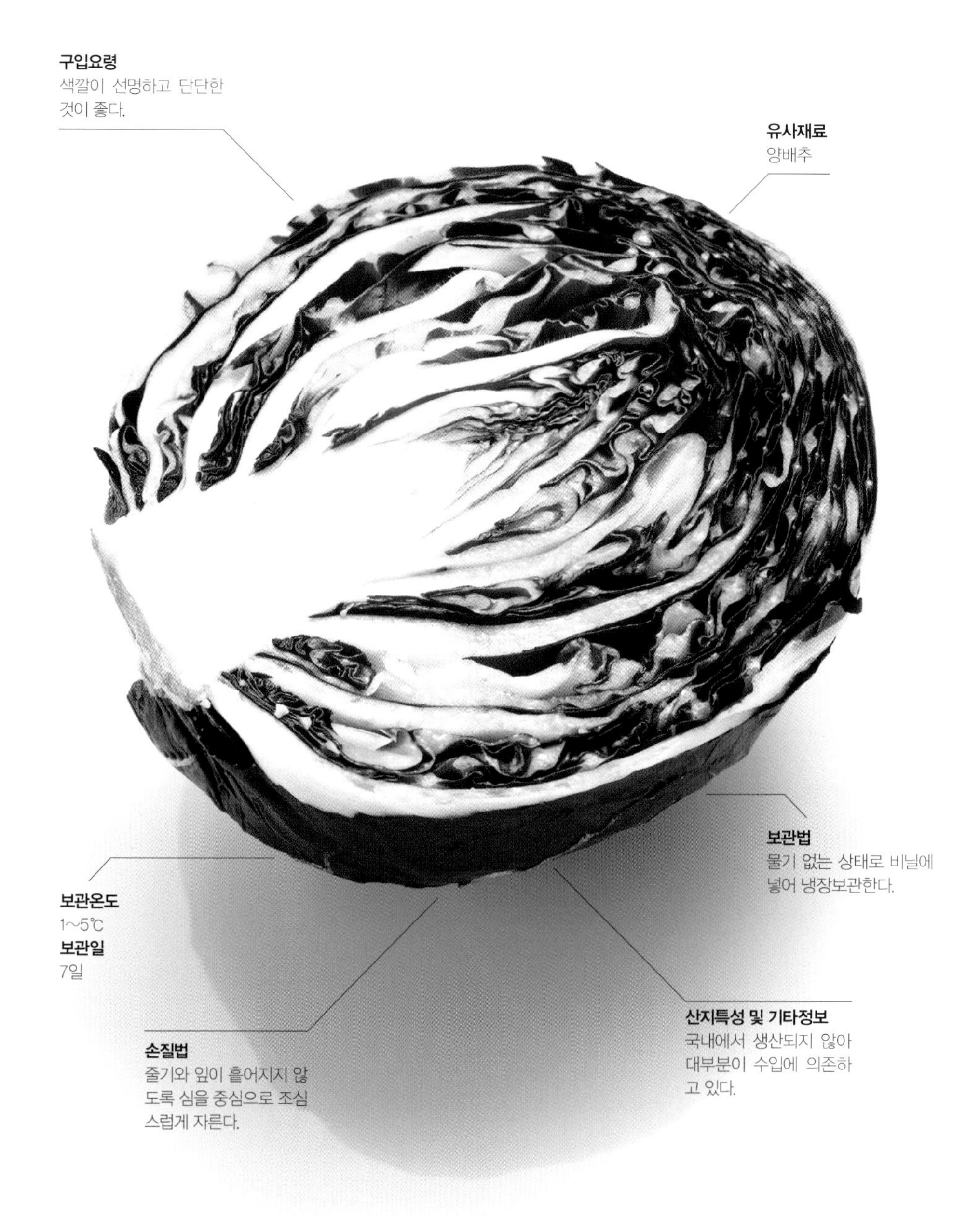
구입요령
색깔이 선명하고 단단한
것이 좋다.
유사재료
양배추
보관법
물기 없는 상태로 비닐에
넣어 냉장보관한다.
보관온도
1~5℃
보관일
7일
산지특성 및 기타정보
국내에서 생산되지 않아
대부분이 수입에 의존하
고 있다.
손질법
줄기와 잎이 흩어지지 않
도록 심을 중심으로 조심
스럽게 자른다.

{ 브로콜리 }

유사재료
콜리플라워(브로콜리는 콜리플라워의 한 변종으로 잎겨드랑이에서 나오는 꽃봉오리도 먹는다는 것이 콜리플라워와 다른 점이다.)

구입요령
봉오리가 꽉 다물어져 있고 중간이 볼록한 것이 좋다.

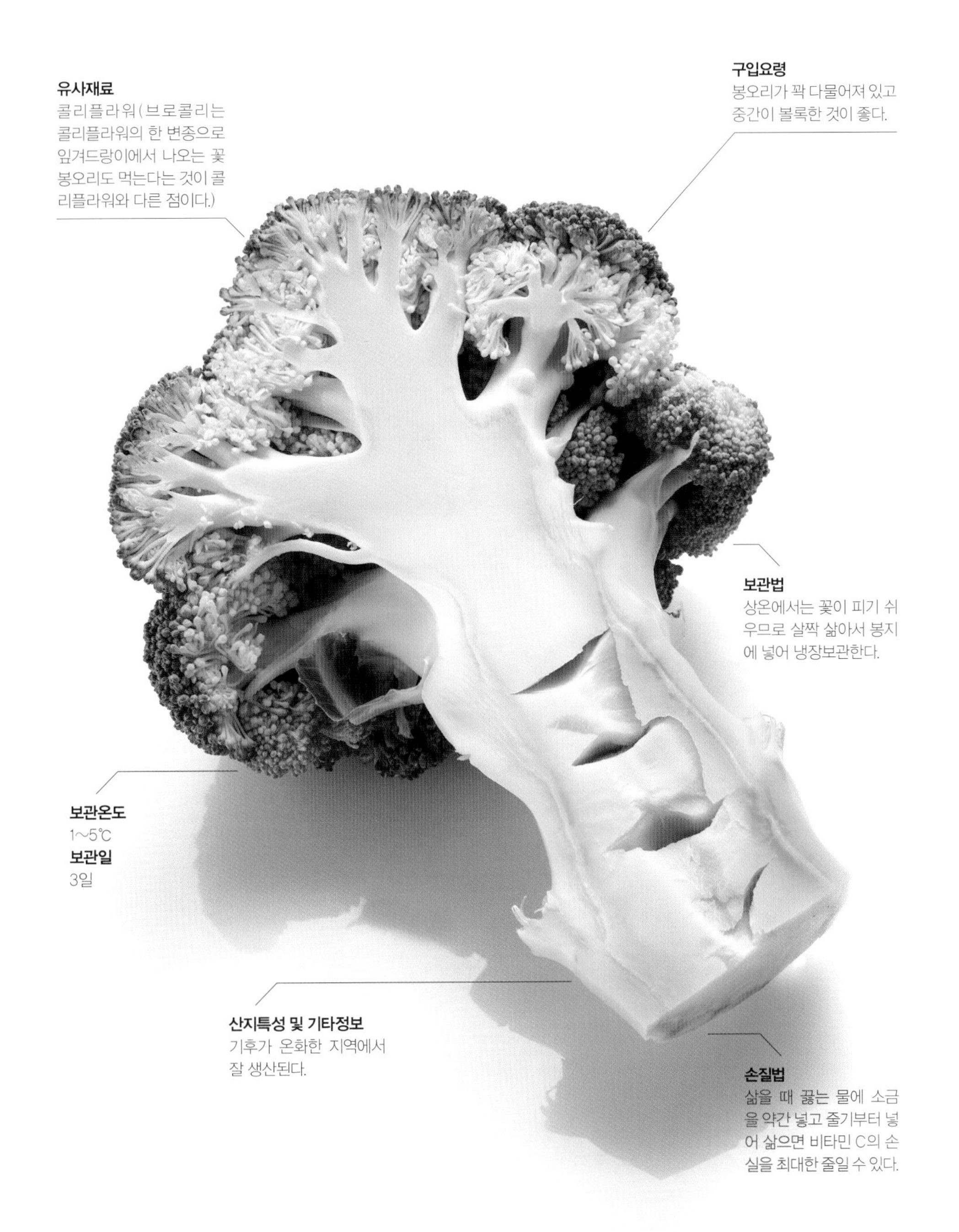

보관법
상온에서는 꽃이 피기 쉬우므로 살짝 삶아서 봉지에 넣어 냉장보관한다.

보관온도
1~5℃
보관일
3일

산지특성 및 기타정보
기후가 온화한 지역에서 잘 생산된다.

손질법
삶을 때 끓는 물에 소금을 약간 넣고 줄기부터 넣어 삶으면 비타민 C의 손실을 최대한 줄일 수 있다.

{ 노란비트, 빨간비트 }

유사재료
순무(순무와 비슷한 모양으로 둥근 공 형태이며 반으로 가르면 자줏빛을 띤다. 순무로는 김치를 담가 먹고, 빨간비트는 생즙, 샐러드 등으로 이용된다.)

보관온도
1~5℃
보관일
7일

구입요령
둥글며 반으로 갈랐을 때 자줏빛이고 무르지 않고 단단한 것이 좋다.

손질법
감자와 고구마처럼 흐르는 물에 깨끗이 씻어 껍질을 벗겨 사용한다.

산지특성 및 기타정보
기후가 따뜻한 지역에서 많이 생산되고 있으며 우리나라에서는 제주도에서 잘 재배된다.

보관법
잎을 자르고 신문지로 싼 다음 냉장보관한다.

{ 엔다이브 }

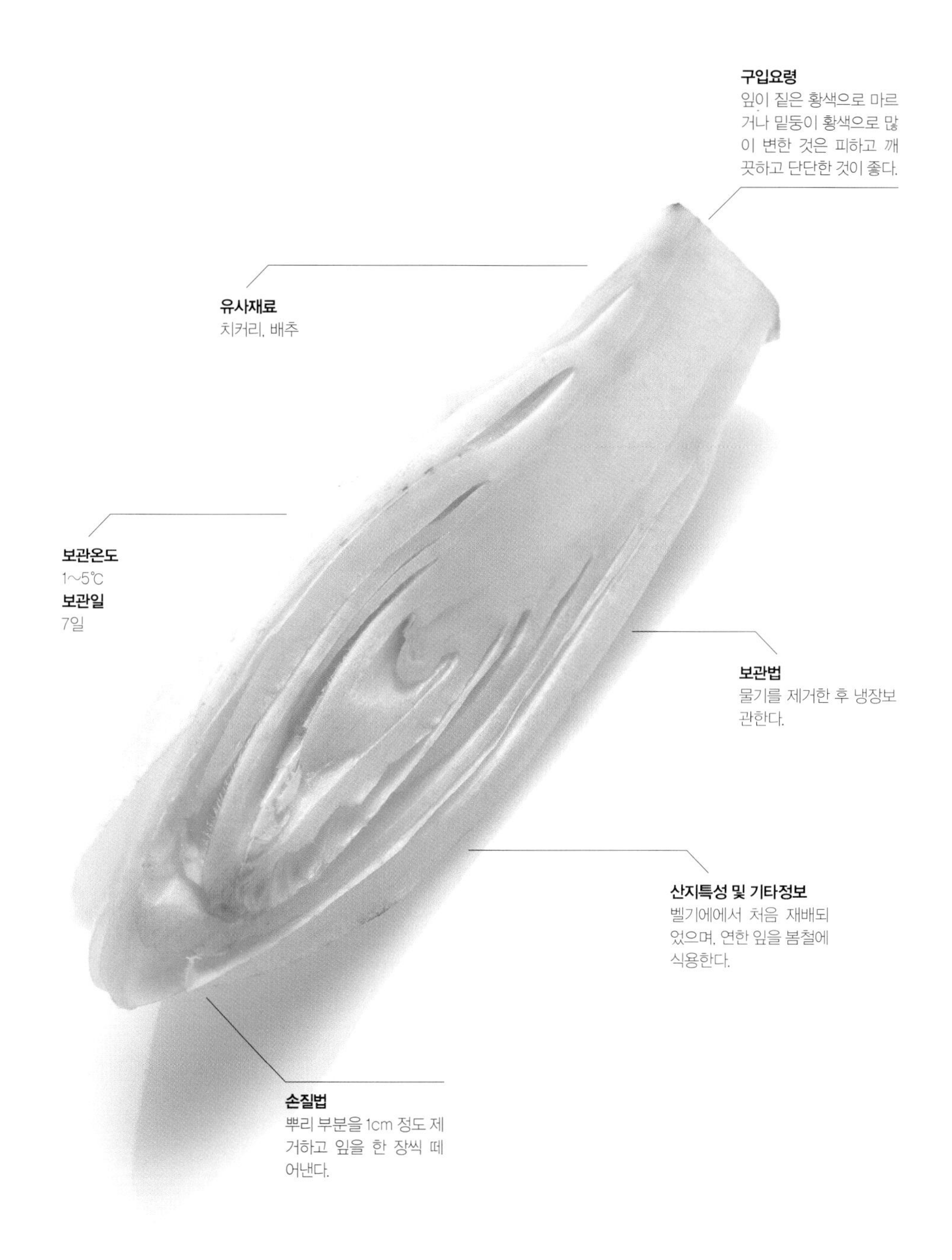

구입요령
잎이 짙은 황색으로 마르거나 밑둥이 황색으로 많이 변한 것은 피하고 깨끗하고 단단한 것이 좋다.

유사재료
치커리, 배추

보관온도
1~5℃
보관일
7일

보관법
물기를 제거한 후 냉장보관한다.

산지특성 및 기타정보
벨기에에서 처음 재배되었으며, 연한 잎을 봄철에 식용한다.

손질법
뿌리 부분을 1cm 정도 제거하고 잎을 한 장씩 떼어낸다.

{ 파스닙 }

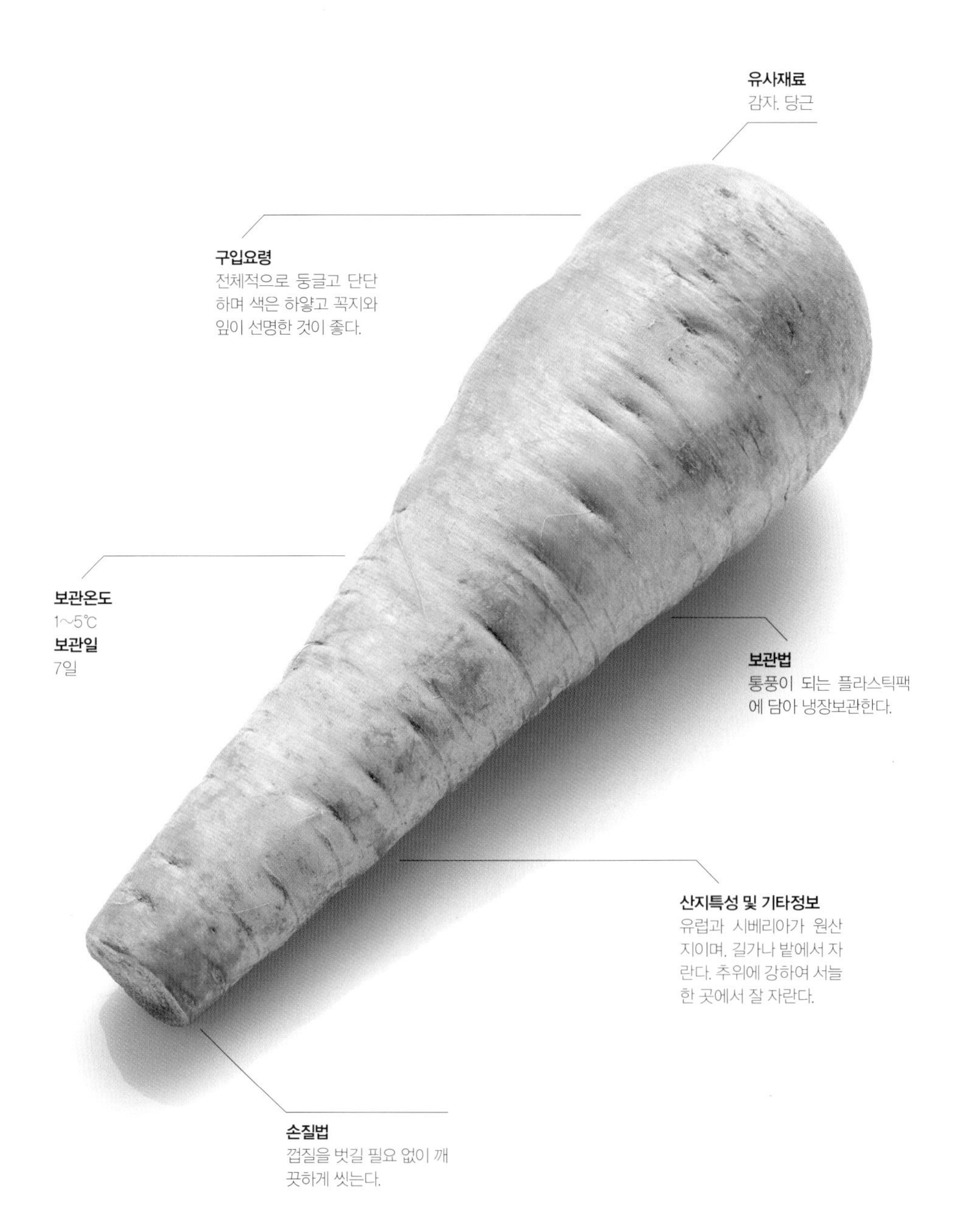
유사재료
감자, 당근
구입요령
전체적으로 둥글고 단단하며 색은 하얗고 꼭지와 잎이 선명한 것이 좋다.
보관온도
1~5℃
보관일
7일
보관법
통풍이 되는 플라스틱팩에 담아 냉장보관한다.
산지특성 및 기타정보
유럽과 시베리아가 원산지이며, 길가나 밭에서 자란다. 추위에 강하여 서늘한 곳에서 잘 자란다.
손질법
껍질을 벗길 필요 없이 깨끗하게 씻는다.

{ 콜라비 }

구입요령
적당한 크기의 것을 골라 선택하며 흠집이 없고 상처가 없는 것이 좋다.

유사재료
양배추 (콜라비에는 비타민 C, 칼슘이 풍부하며 양배추에는 비타민 A, C, K 등이 많다.)

보관온도
1~5℃
보관일
5일

보관법
비닐팩에 담아 냉장고의 신선실에 보관한다.

손질법
흐르는 물에 깨끗이 씻는다.

산지특성 및 기타정보
일조량이 풍부한 제주도 일부 지역에서 재배된다.

{ 허브 }

딜

생선이나 새우 등을 마리네이드 할 때나 소스를 만들 때 쓰인다. 비린내를 제거해주면서 생선 고유의 맛을 느끼도록 해주기 때문이다. 상쾌한 향을 살리기 위해 잎을 그대로 썰어 샐러드에 넣기도 하며 감자 요리에도 잘 어울린다. 씨와 잎 모두 사용이 가능하다.

로즈메리

고기 요리에 은은한 향을 더하고 생선의 비린내를 없애는 역할을 한다. 특히 고기를 구울 때 뿌리거나 소스를 만들 때 자주 등장하는 허브. 말려서 빻은 것을 구입해 손쉽게 사용하기도 한다.

민트

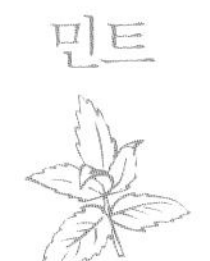

박하의 시원한 향과 맛을 낸다. 고기나 생선 요리의 향료로 쓰이며 잎으로 차를 만들어 마시기도 한다. 상큼한 에이드에 한두 잎 띄워 마시면 기분까지 상쾌해진다.

바질

이탈리아 요리에 가장 많이 사용되는 허브라고 해도 과언이 아니다. 토마토로 만든 요리와 특히 잘 어울린다. 토마토와 바질은 궁합이 환상적인데 스파게티에 합쳐져 더욱 훌륭한 맛을 만들어낸다. 토마토소스를 만드는 마지막 단계에 바질을 잘게 다져 넣으면 해물의 비린내를 제거해 더욱 담백한 맛을 낼 수 있다. 생바질 잎을 넣기도 하고 말려서 가루로 만든 것을 사용하기도 한다.

마조람

'고기의 허브'라는 별명을 가지고 있을 정도로 고기 요리에 주로 쓰인다. 치즈 요리나 샐러드에도 어울리며 잘게 썰어 허브버터를 만들기도 한다. 이탈리아 요리에 많이 사용되며 특히 고기나 계란 요리, 수프, 샐러드 등에 사용되고 색의 배합에도 이용된다. 건조한 잎과 분말은 야채, 치즈, 닭 요리나 각종 소시지 요리, 수프나 소스 등에 첨가되는데 식욕을 증진시키는 효과가 있고 살균작용으로 산화를 방지해주는 역할도 한다.

타임

고기, 생선, 채소 요리에 두루 사용한다. 특히 생선 비린내와 육류 특유의 잡냄새를 제거하는 데 탁월하며 지방이 많은 음식의 소화를 돕기도 한다. 잎을 따서 생선 및 육류, 조개 및 갑각류 요리에 사용하는데, 가지를 구운 요리 밑에 깔거나 바비큐 스테이크 위에 얹어놓으면, 강한 원목의 신선한 향취를 느낄 수 있어 요리의 풍미를 한층 끌어올린다.

처빌

밝은 녹색의 얇은 잎은 감미로운 향을 지닌다. 어린잎은 샐러드에 넣어 생식하고, 생선의 비린내를 없애 생선 요리와 수프, 각종 소스, 치즈의 향을 내기 위하여 이용한다. 특히, 비타민 C, 카로틴, 철, 마그네슘 등이 다량 함유되어 있다. 열을 가하면 향미가 없어지는 특징이 있어 주로 샐러드에 사용되고, 육류나 해산물 등에 부드러운 맛을 더한다.

차이브

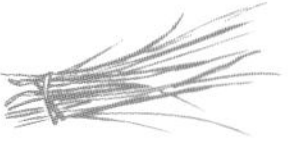

잘게 썰어 수프에 넣거나 소스의 향을 내는 데 쓰이며, 가는 부추와 생김새가 비슷하다. 고기나 생선 요리의 향신료로 애용하는 허브. 양파와 비슷한 향이 나는데, 그 향이 진하여 향부추라 불리기도 한다.

ERAFIX
C-7000D
19L(20kg)

여기, 푸릇푸릇한 것들이 펼치는 맛있는 향연으로 당신을 초대합니다

만약 요리를 하지 않았다면 나는 아마 농사꾼이 되지 않았을까 싶습니다. 그냥 요리하기를 좋아하고 음악 듣기를 좋아하는 평범한 농사꾼 말입니다. 언젠가는 꼭 내 손으로 내가 직접 쓸 '식재료'를 키워보고 싶었습니다. 사랑하는 사람들을 위한 것도 있지만 사실 레스토랑을 찾아주는 손님을 위한 나만의 선물을 하고 싶다는 생각이었지요. 요리하는 사람이 식재료도 직접 키운다면 손님에게 얼마나 신뢰를 줄 수 있을까요.
그 '언젠가'라는 것은 정말 먼 얘기인 듯했으나 이렇게 바로 내 눈앞에 펼쳐져 있는 것에 아직도 내 눈을 의심하지 않을 수가 없습니다.
늘 요리를 하면서 0(zero)포인트에 대한 나의 갈증이 이제는 조금은 풀려가는 듯합니다. 늘 거래처에 주문을 하거나 재래시장을 찾아 사게 되는 식재료는 물론 싱싱하고 향기로웠지만, 늘 나는 누가? 어디서? 어떻게? 라는 궁금증을 풀지 못했습니다.
그래서 시작한 나의 작은 농장. 이제는 적어도 누가? 어디서? 어떻게? 라는 의문점은 풀렸습니다. 내 요리의 모든 레시피의 출발점이 되어버린 나의 작은 놀이터, 농장! 이제는 농작물 하나하나의 매력에 빠져 열심히 파종시기와 수확시기를 생각하며 한 해를 설계해가는 내 모습을 발견합니다.

샘킴

마음을 움직이는 요리가 정답입니다.

상대방이 즐겨 먹는 식재료를 떠올려보세요.
분명히 쉽게 구할 수 있을 겁니다.
그것을 적절히 활용하면
훌륭한 퓨전 요리를 완성할 수 있습니다.

관자 카르파초

Scallop Carpaccio

관자(3개)
망고(1/6개)
아보카도(1/2개)
토마토(1/2개)
소렐 잎(5잎)
딜(5잎)
라임(1/2개, 1큰술)
올리브오일(3큰술)
소금, 후추

1. 관자의 원형을 살려서 최대한 얇게 슬라이스 한다.

2. 망고의 과육만 도려내서 작은 주사위(0.5×0.5cm) 크기로 자른다.

3. 아보카도는 껍질과 씨를 제거하고 곱게 갈아서 소금 간을 조금 한다.

4. 토마토는 과육 껍질에 칼집을 내고 뜨거운 물에 살짝 데쳐 얼음물에 담가놓았다가 껍질을 제거한 뒤 과육만 작은 주사위 크기로 자른다.

5. 믹싱볼에 라임을 짜고 올리브오일을 넣어 골고루 섞고 소금을 조금 넣는다.

6. 차가운 접시 위에 (1)에서 슬라이스 한 관자를 골고루 펼쳐놓고 소금, 후추를 뿌린다. (2), (3), (4)의 망고, 아보카도, 토마토를 골고루 올리고, (5)의 라임 드레싱을 뿌린다.

7. 소렐 잎과 딜로 장식한다.

먹물빵 크러스트 광어와 단호박 퓌레

Squid Ink Bread Crusted Halibut with Sweet Kabocha

손질된 광어살(100g)
먹물빵 가루(1컵)
단호박(1/2개)
줄기콩(2개)
스노피콩(2개)
아스파라거스(1개)
캐비아(10g)
딜(3잎)
레몬(1/4개)
올리브오일
소금, 후추

1 단호박을 반으로 잘라 씨를 제거하고, 호일로 감싸서 175도 오븐에서 30분 정도 익힌다.

2 (1)의 익힌 단호박은 껍질을 제거하여 믹서에 넣고 올리브오일(3큰술)을 조금씩 부어가면서 골고루 간다.

3 먹물빵을 오븐에 바삭하게 살짝 구워내고 믹서에 넣고 간다.

4 손질된 광어살에 소금, 후추 간을 살짝 하고 앞뒤로 (3)의 먹물빵 가루 옷을 골고루 입힌다.

5 뜨거운 물에 소금을 넣고 아스파라거스와 줄기콩, 스노피콩을 각기 바삭할 정도로 살짝만 익힌다.

6 팬에 올리브오일을 두르고, (4)의 먹물빵 가루를 입힌 광어를 살짝 앞뒤로 굽다가 175도 오븐에서 7~8분 정도 익힌다.

7 접시에 (2)의 단호박 퓌레를 살짝 올리고, (6)의 먹물빵 가루를 입힌 광어를 올리고, (5)의 아스파라거스와 각각의 콩을 올리고, 아스파라거스 위에는 캐비아와 딜을 올린다. 마지막으로 레몬즙을 광어살 위에 살짝 뿌린다.

세 가지 아스파라거스와 베이컨

Three Ways of Asparagus with Crispy Bacon

아스파라거스(15개)
베이컨(3줄)
토마토(1/2개)
채소 육수(4컵)
레몬(1/4개)
방울토마토(3개)
생바질(10잎)
비트
올리브오일
소금, 후추
파르메산 치즈

1. 아스파라거스 10개의 껍질을 제거하고 2cm 간격으로 자른다. 팬에 올리브오일을 두르고, 소금 간을 살짝 하여 골고루 볶는다. 채소 육수(2컵)를 부으며 완전히 익힌다. 믹서에 넣고 간 다음 체에 거른다.

2. 작은 냄비에 채소 육수(2컵)을 담고 레몬즙과 2등분한 방울토마토를 넣는다. 약한 불에서 아스파라거스(2개)를 넣어 천천히 익힌 후에 손으로 얇게 찢는다.

3. 토마토 바닥에 십자가 모양으로 칼집을 내고 뜨거운 물에 데친다. 그리고 찬물에 담가서 껍질을 제거하고 과육만 작은 주사위 크기로 자른다.

4. 접시 위에 유산지를 깔고 파르메산 치즈 가루를 촘촘하게 뿌리고 전자레인지를 이용해 30초 간격으로 익힌다. 치즈가 딱딱해지면서 서로 엉겨 붙을 때까지 익힌다.

5. 팬에 베이컨을 올려 익힌다. 베이컨이 다 익을 때쯤 아스파라거스 3개를 넣고 소금, 후추 간을 하여 함께 익힌다.

6. 접시 위에 (1)의 아스파라거스 퓌레를 따뜻하게 해서 바닥에 깔고 그 위에 구운 아스파라거스를 올려준 다음 베이컨을 그 위에 올리고, 파르메산 칩을 올린다.

7. (2)의 아스파라거스와 (3)의 토마토를 접시 위에 올리고 바질오일과 비트오일로 장식한다.

8. 바질오일과 비트오일은 생바질과 비트를 올리브오일과 1:1 비율로 핸드믹서를 이용해 곱게 갈고, 고운 체에 거른 뒤 오일만 사용한다.

리코타 치즈와 앤초비로 소를 채운 호박꽃잎튀김과 파프리카 처트니

Fried Zucchini Flower Stuffed with Ricotta Cheese

1 파프리카에 올리브오일을 바르고, 175도 오븐에 넣어 굽는다.

2 (1)의 구운 파프리카의 껍질과 씨를 제거하여 믹싱볼에 넣고 골고루 다진다. 피스타치오도 곱게 다져서 함께 섞는다.

3 콜라비의 껍질을 제거하고 직사각형 모양(1×3cm)으로 자르고, 주키니호박도 같은 크기로 자른다. 올리브오일을 바른 후 소금, 후추 간을 한다. 175도 오븐에 10분 정도 굽는다.

4 리코타 치즈를 또다른 믹싱볼에 넣고 앤초비 한 마리를 다져서 넣은 후 함께 섞는다.

5 호박꽃잎에 (4)의 리코타 치즈 믹스를 넣고 달걀물과 밀가루 옷을 입히고 튀김용 오일에 튀긴다.

6 접시 위에 (5)의 튀겨낸 호박꽃잎과 (3)의 익힌 콜라비와 주키니호박을 올린다. 마지막으로 루콜라 잎과 호박꽃의 꽃술 그리고 (2)의 구운 파프리카를 올린 뒤 호박꽃잎 위에 레몬즙을 뿌린다.

호박꽃잎(1개)
파프리카(1개)
주키니호박(1/4개)
콜라비(1/4개)
리코타 치즈(3큰술)
앤초비(1마리)
피스타치오(5알)
달걀(1개)
밀가루(1컵)
레몬(1/2개)
루콜라 잎(2잎)
튀김용 오일
소금, 후추

---

1 냄비에 우유, 생크림, 설탕, 소금을 넣고 약한 불에서 천천히 끓인다.

2 거품이 일어나기 시작하면 플레인요거트를 넣고 골고루 섞는다.

3 덩어리가 지기 시작하면 레몬즙을 내서 넣고 다시 한번 끓인다.

4 면 보자기에 (3)을 부어 물은 거르고 치즈만 냉장고에 하루 정도 보관했다가 사용한다.

리코타 치즈

우유(1L)
생크림(1L)
플레인요거트(400g)
레몬(3개)
설탕(60g)
소금(25g)

토마토 콩소메

Tomato Consommé

방울토마토(33알)
소렐 잎(3잎)
올리브오일

1. 방울토마토 30알을 믹서에 저속으로 살짝만 갈고 보자기를 이용해 토마토 즙을 뺀다.
2. (1)을 냉장고에 넣고 하루 정도 보관한다.
3. 방울토마토 3알을 껍질을 제거하여 차갑게 보관한다.
4. 작은 샷 잔에 (3)의 방울토마토를 넣고 (2)의 하루 정도 받아낸 토마토 즙을 붓는다.
5. 소렐 잎을 넣고 올리브오일을 조금 넣는다.

소꼬리찜 토르텔리니

Tortellini Stuffed with Braised Oxtail

소꼬리(1kg)
천송이버섯(50g)
방울토마토(2개)
버터(20g)
닭 육수(100ml)
양파(1/2개)
당근(1/4개)
셀러리(1줄기)
밀가루(1컵)
달걀(1개)
파스타반죽(100g)
레몬제스트
올리브오일
소금, 후추

1 양파, 당근, 셀러리를 곱게 다진다.

2 소꼬리에 소금, 후추 간을 하고 밀가루 옷을 입힌다. 팬에 올리브오일을 두르고 소꼬리를 살짝 익힌다.

3 (2)의 팬에서 소꼬리를 건져내고, (1)의 채소들을 넣어 한번 볶고 소금, 후추 간을 한다.

4 (3)을 오븐에 들어갈 수 있는 용기에 담은 뒤 닭 육수를 붓는다. 호일로 덮어두고 175도 오븐에 40~50분 정도 익힌다.

5 (4)의 소꼬리의 살들을 뼈에서 발라내어 다지고, 남은 즙을 따로 거른다.

6 파스타 반죽을 곱게 펴서 지름 10cm의 원형으로 만든 뒤 (5)의 다져낸 소꼬리 살들을 1/2큰술씩 올리고, 달걀물을 묻혀서 만두 모양으로 만든다.

7 팬에 올리브오일을 두르고, 버섯을 볶은 후 2등분한 방울토마토를 넣어 볶다가 소금, 후추 간을 한 뒤 (5)의 소꼬리에서 나온 즙을 넣고, 버터를 마지막에 넣어 농도를 맞춘다.

8 (6)의 토르텔리니를 소금물에 익혀준 뒤 (7)에 넣어 골고루 섞고 접시 위에 담고 레몬제스트를 올린다.

파스타 반죽

밀가루(200g)
달걀전란(1개)
달걀노른자(5개)

1 믹싱볼에 밀가루를 넣고 가운데 작은 우물 모양을 만들어 달걀을 넣은 뒤 섞는다. 밀가루와 골고루 섞어 반죽을 완성한 후 냉장고에 30분 정도 숙성시킨 뒤 사용한다.

농어구이와 라타투이

Pan-seared Seabass with Ratatouille

농어(100g)
가지(2개+1/4개)
빨간 파프리카(1/2개)
노란 파프리카(1/2개)
아스파라거스(1개)
토마토소스(1컵)
올리브오일
소금, 후추

1. 가지(2개)를 길게 세로로 2등분 하고 올리브오일을 바른다. 소금, 후추 간을 한 뒤 껍질 쪽이 위를 향하게 하여 175도 오븐에 20분 정도 완전히 익힌다.

2. (1)의 익힌 가지 소를 숟가락을 이용해서 파낸 뒤 소금, 후추 간을 하여 살짝 다진다.

3. 파프리카를 작은 크기(0.5×0.5cm)로 자르고, 아스파라거스도 3등분한 뒤 가지(1/4개)도 작은 주사위 크기(1×1cm)로 자른다. 팬에 올리브오일을 두르고, 소금, 후추 간을 한 뒤 살짝 볶는다.

4. (3)의 볶은 채소 중 일부를 덜어내고 남아 있는 팬에 토마토소스를 넣고 살짝만 졸인다.

5. 농어에 소금, 후추 간을 한 뒤 또다른 팬에 올리브오일을 두르고, 앞뒤를 노릇하게 구워 익힌다.

6. 접시 위에 (4)의 라타투이를 올리고, (5)의 구운 농어를 올리고, (4)의 따로 떼어놓은 채소들을 올리고, (2)의 익힌 가지를 모양 잡아서 올린다.

감자 프리타타와 채소 카포나타

Potato Frittata with Caponata

감자(2개)
양파(1/4개)
달걀(1개)
파르메산 치즈(1큰술)
가지(1개)
애호박(1개)
잣(1작은술)
토마토소스(3큰술)
레드와인 식초(1작은술)
설탕(1/2작은술)
건포도(6알)
생바질(2잎)
밀가루(1컵)
튀김용 오일

1 감자는 채칼을 이용해 곱게 갈고, 양파도 곱게 다져 믹싱볼에 넣는다.

2 (1)에 달걀을 풀어 골고루 섞은 뒤 파르메산 치즈를 넣고 다시 한번 골고루 섞는다.

3 가지, 애호박을 작은 주사위 크기(1×1cm)로 자른 뒤 밀가루 옷을 입히고 튀김용 오일에 살짝 튀긴다.

4 (3)의 튀겨낸 애호박과 가지를 믹싱볼에 담아 잣, 토마토소스, 레드와인 식초, 설탕, 건포도를 넣어 골고루 섞고 마지막으로 다진 생바질을 넣어 다시 한번 섞는다.

5 팬에 올리브오일을 두르고 (2)의 감자를 직사각형 틀에 넣어 바삭하게 익힌다.

6 (5)의 구운 감자를 올리고, 그 위에 (4)의 카포나타를 올리고, 마늘 아이올리를 옆에 뿌리고, 사프란 감자칩을 올린다.

사프란 감자칩

감자(1개)
사프란(2g)
물(200g)

1 사프란을 넣은 미지근한 물에 아주 얇게 썬 감자 슬라이스를 담가놓는다.

2 감자 슬라이스가 사프란 색을 띠면 75도 오븐에서 천천히 바삭해질 때까지 말린다.

마늘 아이올리

마늘(1개)
달걀 노른자(1개)
디종머스터드(1/2작은술)
올리브오일(8큰술)
레몬(1개)
소금

1 마늘을 다져서 믹싱볼에 넣고, 달걀노른자를 넣고, 머스터드를 넣는다.

2 올리브오일을 천천히 부으며 휘퍼를 사용하여 골고루 젓는다.

3 레몬즙을 넣어준 뒤 소금 간을 한다.

녹차 가나슈

Green Tea Ganache

마차시트

달걀(125g)
설탕(88g)
올리고당(8g)
박력분(75g)
녹차 분말(5g)
버터(18g)
우유(25g)

1 믹싱볼에 넣은 달걀, 설탕, 올리고당을 중탕물에 올려 살짝 녹인 뒤 키친에이드를 이용해 아이보리색의 리본 모양이 보일 정도로 섞는다.

2 박력분과 녹차 분말을 체에 거른 뒤 (1)에 넣어 섞는다.

3 버터와 우유를 중탕물에 녹인 후 (2)에 넣어 다시 한번 섞고 틀에 넣어 175도 오븐에 20분 정도 굽는다.

마스카르포네 크림

달걀노른자(1개)
설탕(20g)
우유(125g)
마스카포네 치즈(75g)

1 냄비에 달걀노른자와 설탕을 넣어 섞는다. 우유를 넣고 약불 위에서 골고루 섞고 농도가 생기기 시작할 때 불을 끄고 마스카르포네 치즈를 넣고 다시 한번 섞는다.

2 (1)을 체에 거른다.

쇼콜라 클래식

다크초콜릿(70g)
버터(50g)
생크림(70g)
달걀노른자(50g)
설탕(100g)
달걀흰자(90g)
박력분(20g)
코코아분말(40g)

1 다크초콜릿을 믹싱볼에 넣어 중탕물 위에서 천천히 녹인다.

2 버터와 생크림을 또다른 믹싱볼에 넣고 중탕물 위에서 녹이고, 노른자와 설탕도 다른 믹싱볼에 넣어 중탕물 위에서 섞는다.

3 (2)를 (1)에 여러 번 나누어 부으며 섞는다.

4 달걀흰자와 설탕을 섞어 머랭을 80~90%로 정도 올리고 (3)에 1/3 정도만 넣고 섞는다.

5 박력분과 코코아 분말을 섞어서 체에 걸러 (4)에 섞는다.

6 남은 머랭 2/3를 두 번에 나누어서 (5)에 넣고 섞어준 뒤 175도 오븐에서 40분 정도 굽는다.

노아제

1. 버터를 상온에 두었다가 믹싱볼에 넣고 슈가 파우더와 소금을 넣고 섞어 부드럽게 만든다.

2. 중력분과 간 아몬드, 시나몬 파우더를 (1)에 넣어 섞고 160도 오븐에서 15분 정도 익힌다.

버터(40g)
슈가 파우더(40g)
소금(1g), 중력분(40g)
간 아몬드(54g)
시나몬 파우더(2g)

마차가나슈

1. 냄비에 생크림과 올리고당을 넣고 살짝만 끓인다.

2. 믹싱볼에 화이트초콜릿을 넣고 중탕물 위에서 녹여 (1)에 넣고 섞는다.

3. 녹차 가루를 (2)에 넣고 골고루 섞는다.

4. 버터를 (3)에 넣고 섞은 뒤 체에 걸러 식힌다. 냉장고에 넣는다.

생크림(40g)
올리고당(10g)
화이트초콜릿(100g)
녹차 가루(2g)
버터(15g)

완성하기

1. 접시 위에 마스카르포네 크림을 올리고, 마차시트와 쇼콜라 클래식을 올린다.

2. 마차가나슈를 마차시트 위에 올리고, 헤이즐넛을 갈아서 뿌리고, 노아제를 뿌린다.

3. 파이지를 얇게 잘라서 원형으로 만들어 구운 파이링을 올린다.

헤이즐넛
노아제
파이지
구운 파이링

도산공원 앞 레스토랑 건물 꼭대기에
깻잎, 루콜라, 방울토마토가 자라는 텃밭을 만들었어요.
그런데 이게 다가 아닙니다.
지난봄에는 김포공항 근처에
198m² 크기의 농장을 마련해
로메인, 파프리카, 오이, 래디시 등
10여 종이 넘는 채소를 기르고 있어요.
아침마다 농장에 들러
두세 시간은 오롯이 농사일에 쏟은 후 출근을 합니다.

요즘 나오는 라비올리 커터는
스테인리스 재질이라 가볍고 저렴하며
쓰기에도 편합니다.
반면 나의 빈티지 라비올리 커터는
구리로 만들어져 녹도 잘 슬고
스테인리스 커터처럼 매끈하게
잘리지도 않습니다.
하지만 사용한 만큼의 세월이 묻어나는
이 나무 손잡이가 달린 구리 커터는
저의 소중한 도구입니다.

어릴 적에도 샤프보다
연필로 쓰기를 좋아했고
그마저도 몽당연필이 될 때까지
깎아 사용했어요.
지금도 칼날이 닳고 닳아 짧아지고,
팬과 냄비는 수년째 쓰고 있느라
성한 곳이 없어요.
사람의 성향은
변하지 않는 모양이에요.

애플파이

Almond Creamed Apple Pie

애플 소

사과(1개)
설탕(50g)
피칸(20g)
슬라이스 아몬드(20g)
버터(1작은술)
시나몬 파우더(2g)
럼(1큰술)

1. 팬에 버터를 녹인 후에 사과를 작은 크기(1×1cm)로 썰어 넣고 볶는다.
2. 사과가 부드러워지기 시작하면 설탕을 넣고 볶은 뒤 피칸과 슬라이스 한 아몬드를 다져서 넣고 다시 한번 볶는다.
3. 럼과 시나몬 파우더를 (2)에 넣고 다시 한번 볶는다.

앙글레즈

우유(50g)
바닐라빈(1/2개)
달걀노른자(1개)
설탕(20g)

1. 냄비에 우유와 바닐라빈을 넣고 살짝 끓인다.
2. 믹싱볼에 달걀노른자와 설탕을 넣고 섞는다. (1)에 넣고 약불에서 천천히 섞어 끓이면서 농도가 걸쭉해지면 체에 거른다.

아몬드크림

버터(100g)
슈가 파우더(75g)
사워크림(15g)
달걀(2개)
아몬드 파우더(70g)
다진 아몬드(30g)

1. 버터를 상온에 놓고 부드러워질 때까지 섞는다.
2. 슈가 파우더를 (1)에 넣어 섞고 사워크림을 넣어 섞는다.
3. (2)에 달걀을 섞고, 아몬드 파우더와 곱게 다진 아몬드를 추가해 섞는다.

시럽
생과일
바닐라 아이스크림

완성하기

1. 작은 틀에 파이생지를 틀의 모든 면(바닥과 옆면)에 깔고 그 위에 아몬드크림을 깐다.
2. 애플 소를 아몬드크림 위에 올리고 다시 아몬드크림을 애플 소 위에 덮어 채운다.
3. 파이생지를 이용해서 뚜껑을 만들어 덮고 180도 오븐에서 40분 정도 굽는다.
4. 접시 위에 앙글레즈를 뿌리고, 애플파이를 보기 좋게 잘라 올리고 시럽을 바른 생과일과 바닐라 아이스크림을 얹는다.

브로콜리 수프

Broccoli Soup

브로콜리(3개)
양파(1/2개)
채소 육수(2L)
선드라이 처트니(1큰술)
소렐 잎
생크림(1컵)
올리브오일
소금

1. 브로콜리는 줄기를 제거하고 작은 크기로 자른다. 양파도 작은 크기(0.5×0.5cm)로 자른다.
2. 냄비에 소금물을 끓여서 브로콜리를 살짝(10초 정도) 데친다.
3. 또다른 냄비에 올리브오일을 두르고, (1)의 양파를 넣어 살짝 볶다가 양파가 투명해지면 (2)의 브로콜리를 넣고 살짝 더 볶아준다. 소금 간을 하고 채소 육수를 붓는다.
4. (3)의 브로콜리가 완전히 다 익으면 믹서기에 넣어 곱게 간다.
5. (4)를 약불 냄비에 옮겨서 생크림을 넣으며 골고루 섞는다.
6. 선드라이 처트니를 약간 올리고, 파르메산 치즈 폼을 올린 후, 소렐 잎과 브로콜리로 장식한다.

선드라이 처트니

방울토마토(10개)
타임(2줄기)
생바질(2잎)
피스타치오(5알)
올리브오일

1. 2등분한 방울토마토에 올리브오일과 다진 타임을 살짝 바른 뒤 75도 오븐에서 반나절 정도 천천히 말린다.
2. (1)의 반건조된 방울토마토, 으깬 피스타치오, 다진 생바질을 골고루 섞는다.

파르메산 치즈 폼

파르메산 치즈(1/2컵)
우유(2컵)
레시틴(1작은술)

1. 우유를 약불에서 살짝 데운 뒤 파르메산 치즈를 넣어 치즈를 녹인다.
2. (1)의 치즈가 다 녹으면 레시틴을 넣고 다시 한번 골고루 섞은 뒤 사용한다.

살치차와 양송이버섯

Button Mushroom Stuffed with Herbed Salciccia

1 새송이버섯을 작은 크기(0.5×0.5cm)로 자르고 마늘을 다진다.

2 팬에 올리브오일을 두르고, 다진 마늘을 살짝 볶고, 돼지고기를 볶으며 로즈메리를 다져서 넣고 소금, 후추 간을 한다.

3 (1)의 작게 잘라둔 버섯을 (2)에 넣고 다시 한번 볶는다. 화이트와인을 붓고, 다진 파슬리를 넣고, 생크림을 넣어 살짝 졸인다.

4 (3)을 양송이버섯 안에 넣고, 파르메산 치즈를 올린다. 175도 오븐에서 치즈가 녹을 때까지 굽는다.

5 접시에 마늘 퓌레를 깔고, (4)의 양송이버섯을 올린 뒤, 송로버섯과 차이브를 얹어 마무리한다.

돼지고기(돈육100g)
새송이버섯(1개)
양송이버섯(3개)
마늘(3개)
로즈메리(3잎)
생크림(1/2컵)
파르메산 치즈(1큰술)
마늘 퓌레(1큰술)
차이브(2줄기)
송로버섯(1/4개)
화이트와인(1큰술)
다진 파슬리(1/2작은술)
올리브오일
소금, 후추

---

1 작은 냄비에 우유와 마늘을 넣고 약불에서 마늘이 으깨질 정도로 익힌 뒤 소금 간을 한다.

2 믹서기에 (1)을 넣고 곱게 갈아주면서, 올리브오일을 조금씩 섞는다.

마늘 퓌레

마늘 (10개)
우유 (500ml)
올리브오일(3큰술)
소금

주꾸미 파스타

Spaghetti with Baby-octopus

주꾸미(1마리)
잣(10알)
블랙올리브(3개)
앤초비(1마리)
루콜라(5잎)
마늘(1개)
스파게티 면(100g)
다진 파슬리(1작은술)
화이트와인(1큰술)
올리브오일
토마토콘카세(1작은술)
딜(1줄기)

1 주꾸미의 머리와 몸통을 분리한 뒤 작은 크기로(0.5×0.5cm) 자른다.

2 블랙올리브는 얇게 슬라이스 하고, 마늘을 곱게 다진다.

3 팬에 올리브오일을 두르고, 다진 마늘과 슬라이스 한 블랙올리브, 앤초비를 넣고 살짝 볶는다.

4 (1)의 주꾸미를 (3)에 넣고 함께 볶다가 화이트와인을 붓고, 다진 파슬리를 넣는다. 스파게티를 삶은 물을 3큰술 정도 넣는다.

5 스파게티 면을 소금물에 9분 정도 삶는다.

6 (5)를 (4)에 넣고 센 불에서 볶은 뒤 루콜라와 잣, 토마토콘카세를 넣고 다시 한번 볶는다.

7 딜로 장식하며 마무리한다.

토마토콘카세

완숙 토마토(1개)
얼음물

1 완숙 토마토 바닥에 십자가 모양으로 칼집을 내고 끓는 물에 30초 정도 담가두었다가 준비된 얼음물에 옮겨 넣는다.

2 (1)의 토마토를 건져내서 껍질을 벗겨내고, 씨를 제거하여 작은 크기(0.5×0.5cm)로 자른다.

아스파라거스와 관자구이

Pan-seared Scallop with Warm White Wine Dressing

1 베이컨을 다지고, 마늘도 다져놓는다. 팬에 올리브오일을 두르고, 다진 베이컨을 먼저 볶는다.

2 (1)의 베이컨이 다 익어가면 다진 마늘을 넣어 익히고, 화이트와인 식초를 넣고, 다진 파슬리를 넣는다. 스토브 불을 끄고 버터를 넣어 팬의 잔열로만 천천히 녹인다.

3 다른 팬을 스토브 위에 올려 가열한 뒤 올리브오일을 둘러 아스파라거스와 관자에 소금, 후추 간을 하여 익히고, 관자는 앞뒤로 딱 한 번만 뒤집어 익힌다.

4 접시 위에 구운 아스파라거스를 놓고, 관자를 올리고, 캐비아를 얹은 후 (2)를 골고루 뿌린다.

아스파라거스(3개)
베이컨(1슬라이스)
관자(1개)
캐비아(1작은술)
마늘(1개)
화이트와인 식초(1작은술)
버터(1작은술)
다진 파슬리(1/2작은술)
올리브오일
소금, 후추

연어구이와 쿠스쿠스

Baked Salmon with Couscous Salad

연어(200g)
쿠스쿠스(50g)
양파(1/6개)
애호박(1/6개)
화이트와인 드레싱(50ml)
다진 파슬리(1/2작은술)
채소 육수(500ml)
토마토콘카세(1큰술)
딜(1줄기)
올리브오일
소금, 후추

1 팬에 올리브오일을 두르고, 양파, 애호박을 살짝 볶다가 쿠스쿠스를 넣고 다시 한번 볶는다. 채소 육수를 여러 번 나누어 넣고 쿠스쿠스를 익히며 소금 간을 하고 식힌다.

2 또다른 팬에 올리브오일을 두르고, 연어에 소금, 후추 간을 한 뒤 껍질 쪽을 먼저 굽고 반대편도 겉만 살짝 익힌다. 그후 175도 오븐에서 7~9분간 익힌다.

3 믹싱볼에 (1)의 쿠스쿠스를 넣고, (2)의 구운 연어를 크게 크게 부수어 넣고 껍질은 따로 분리하여 잘라 넣는다.

4 (3)의 믹싱볼에 토마토콘카세와 다진 파슬리, 화이트와인 드레싱을 넣어 골고루 섞는다.

5 작은 유리컵 안에 (4)의 연어살과 쿠스쿠스와 연어 껍질을 올리고, 연어 껍질 폼과 딜을 올린다.

연어 껍질 폼

연어 껍질(25g)
우유(200ml)
레시틴(1/2작은술)

1 연어 껍질을 175도 오븐에 넣고 바삭해질 때까지 굽는다.

2 냄비에 (1)의 구운 연어 껍질과 우유를 넣고 약불에서 끓인다.

3 (2)를 믹서기에 넣고 갈아서 체에 걸러 작은 냄비로 옮기고 레시틴을 넣어 골고루 섞은 뒤 사용한다.

화이트와인 드레싱

화이트와인 식초(3큰술)
올리브오일(9큰술)
설탕(1작은술)
샬롯(1/3개)
다진 파슬리(1작은술)
소금, 후추

1 샬롯과 파슬리를 곱게 다진 후, 믹싱볼에 넣는다.

2 (1)의 믹싱볼에 설탕, 화인트와인 식초, 다진 파슬리를 넣고, 올리브오일을 천천히 부어주면서 골고루 섞는다. 소금, 후추 간을 한다.

포치니버섯 리소토

Porcini Risotto with Wild Mushrooms

드라이 포치니버섯(20g)
마늘(1개)
샬롯(1/3개)
다진 파슬리(1/2작은술)
채소 육수(1L)
생쌀(70g)
느타리버섯(1개)
화이트와인(1큰술)
파르메산 치즈(1큰술)
버터(1큰술)
크레송(조금)
송로버섯
올리브오일
소금, 후추

1 드라이 포치니버섯을 따뜻한 물에 30분 이상 담가놓는다.

2 (1)의 포치니버섯을 작은 크기(1×1cm)로 자르고, 포치니버섯을 담가놓았던 물은 따로 보관한다.

3 팬에 올리브오일을 두르고, 마늘과 샬롯을 다져서 넣는다. (2)의 포치니버섯을 넣고 살짝 볶은 뒤 생쌀을 넣는다.

4 (3)에 소금 간을 살짝 하고, 화이트와인을 붓고, 쌀을 익히면서 채소 육수를 여러 번 나누어 붓는다. (2)의 포치니버섯을 담가놓았던 물도 조금씩 넣는다.

5 (4)에서 쌀이 거의 다 익어갈 때 파르메산 치즈와 버터 그리고 다진 파슬리를 넣고 골고루 섞는다.

6 또다른 팬에 올리브오일을 두르고, 느타리버섯에 소금, 후추 간을 한 뒤 살짝 익힌다.

7 팬에 (5)의 리소토를 얹고, (6)의 볶은 느타리버섯과 크레송을 올리고, 송로버섯으로 마무리한다.

새우비스큐 리소토

King Prawn Bisque Risotto

대하(2마리)
마늘(1개)
다진 파슬리(1/2작은술)
생쌀(70g)
채소 육수(1L)
새우 비스큐(200ml)
화이트와인(1큰술)
파르메산 치즈(1/2큰술)
버터(1/2큰술)
잣(5알)
민트(5잎)
레몬제스트(1/4작은술)
올리브오일
루콜라
소금, 후추

1. 손질한 대하 1마리를 작은 크기(0.5×0.5cm)로 자른다.
2. 팬에 올리브오일을 두르고, 다진 마늘을 넣고 살짝 볶다가 (1)의 새우를 넣고 다시 한번 볶는다.
3. (2)에 생쌀을 넣어 살짝 볶고 화이트와인을 붓는다.
4. 채소 육수와 새우 비스큐를 여러 번 나누어 넣으면서 쌀을 익히고 소금 간을 한다.
5. (4)의 쌀이 다 익어가면 파르메산 치즈와 버터, 다진 파슬리를 넣고 골고루 섞는다.
6. 남은 대하 1마리를 소금, 후추 간을 하여 익힌다. 접시 위에 (5)의 완성된 리소토를 올리고 익힌 대하 1마리를 올려준 뒤 루콜라로 마무리한다.
7. 잣과 민트, 레몬제스트를 함께 다져서 새우 위에 장식한다.

새우 비스큐

새우 껍질, 머리(1kg)
양파(1개)
당근(1개)
셀러리(1줄기)
토마토페이스트(1큰술)
브랜디(2큰술)
채소 육수(1.5L)
파슬리(2줄기)
월계수 잎(1장)

1. 양파, 당근, 셀러리를 작은 크기(1×1cm)로 자른다.
2. 큰 냄비에 올리브오일을 두르고 새우 껍질과 머리를 볶는다. 새우 껍질과 머리가 익으면 브랜디를 붓고 (1)의 채소들을 넣은 뒤 다시 한번 볶는다.
3. (2)에 토마토페이스트를 넣고 다시 한번 볶는다.
4. 채소 육수를 (3)에 붓고 파슬리, 월계수 잎을 넣어 약불에서 졸인다.

농어 콩소메와 새우완자

Seabass Consommé with Shrimp Ball

새우, 오징어완자

새우(5마리)
오징어(몸통만1/2개)
다진 파슬리(1/3작은술)
소금, 밀가루

1 믹서기에 손질한 새우살과 오징어살을 슬라이스 해서 넣고 갈면서 소금 간을 하고, 다진 파슬리를 함께 넣는다.

2 손으로 (1)의 새우와 오징어를 작은 공 모양(지름 2cm)으로 빚은 뒤 밀가루 옷을 살짝 입혀 팬에 익힌다.

농어 콩소메

농어뼈(1kg)
농어(살만 200g)
양파(1/3개)
당근(1/2개)
셀러리(1줄기)
타임(1줄기)
달걀흰자(2개)
채소 육수(1.5L)

1 농어뼈를 작은 조각으로 자르고, 양파, 당근, 셀러리를 아주 작은 크기(0.5×0.5cm)로 자른다.

2 (1)을 믹싱볼에 넣고 달걀흰자 2개를 살짝 풀어서 믹싱볼에 넣고 골고루 섞는다.

3 냄비에 채소 육수를 넣고 (2)를 넣고 약불에서 천천히 저어주면서 타임을 넣고 살짝 끓인다.

4 달걀흰자가 익어 맨 위층에 하얀 막이 생기면 가운데에 구멍을 뚫어서 1/3 정도를 졸인다.

완성하기

새우(1마리)
바지락(5개)
펜넬(슬라이스 조금)
딜, 처빌

1 팬에 올리브오일을 두르고, 손질한 새우에 소금, 후추 간을 한 뒤 익힌다.

2 콩소메를 따뜻하게 바지락과 함께 다시 한번 끓여준 뒤 바지락살과 함께 접시에 넣고 익힌 새우과 완자볼 그리고 딜과 처빌로 장식한다.

메추리와 렌틸콩

Quail with Lentil Stew

메추리(1마리)
렌틸콩(1컵)
당근(1/5개)
양파(1/4개)
셀러리(1/4줄)
초리조(1/5개)
채소 육수(1L)
마늘(1개)
화이트와인(1큰술)
울타리콩, 완두콩
올리브오일
소금, 후추

1 렌틸콩을 물에 3시간 이상 담가놓는다.

2 당근, 양파, 셀러리를 작은 크기(0.5×0.5cm)로 자르고 초리조를 작은 주사위 크기(0.5×0.5cm)로 자른다.

3 냄비에 올리브오일을 넣고, 마늘을 살짝 으깨서 넣은 뒤 먼저 초리조를 넣고 볶는다.

4 초리조가 익기 시작하면, (2)의 채소들을 넣고 다시 한번 볶는다.

5 물에 담가두었던 렌틸콩의 물기를 제거하고 (4)에 넣어 함께 볶는다.

6 (5)에 화이트와인을 붓고, 채소 육수를 여러 번 나누어 넣으며 렌틸콩을 익힌다. 소금 간도 한다.

7 손질한 메추리에 소금, 후추 간을 한 뒤 겉을 바삭하게 익힌다. 175도 오븐에서 7~10분 정도 익히고, 울타리콩과 완두콩을 소금물에 익힌다.

8 (6)의 익힌 렌틸콩을 접시 위에 올리고, (7)의 익힌 메추리를 렌틸콩 위에 올리고, 소금물에 익힌 콩과 포트와인에 절인 밤, 졸인 포트와인을 올린다.

포트와인 밤소스

포트와인(500ml)
밤(5알)
소금

1 작은 냄비에 포트와인을 넣고 약불에서 졸인다.

2 진공팩에 (1)의 포트와인과 깐 밤을 함께 넣고 저온에서 익히며 소금 간을 한다.

3 진공팩이 없을 경우 작은 냄비에 넣고 밤이 부서지지 않게 약불에서 골고루 익힌다.

저는 오직 주방에서
에너지를 충전할 수 있어요.
요리사가 가장 행복한 순간은
손님이 말끔하게 먹고 난
빈 접시가 돌아올 때라는 걸
잊지 않으면서 말입니다.

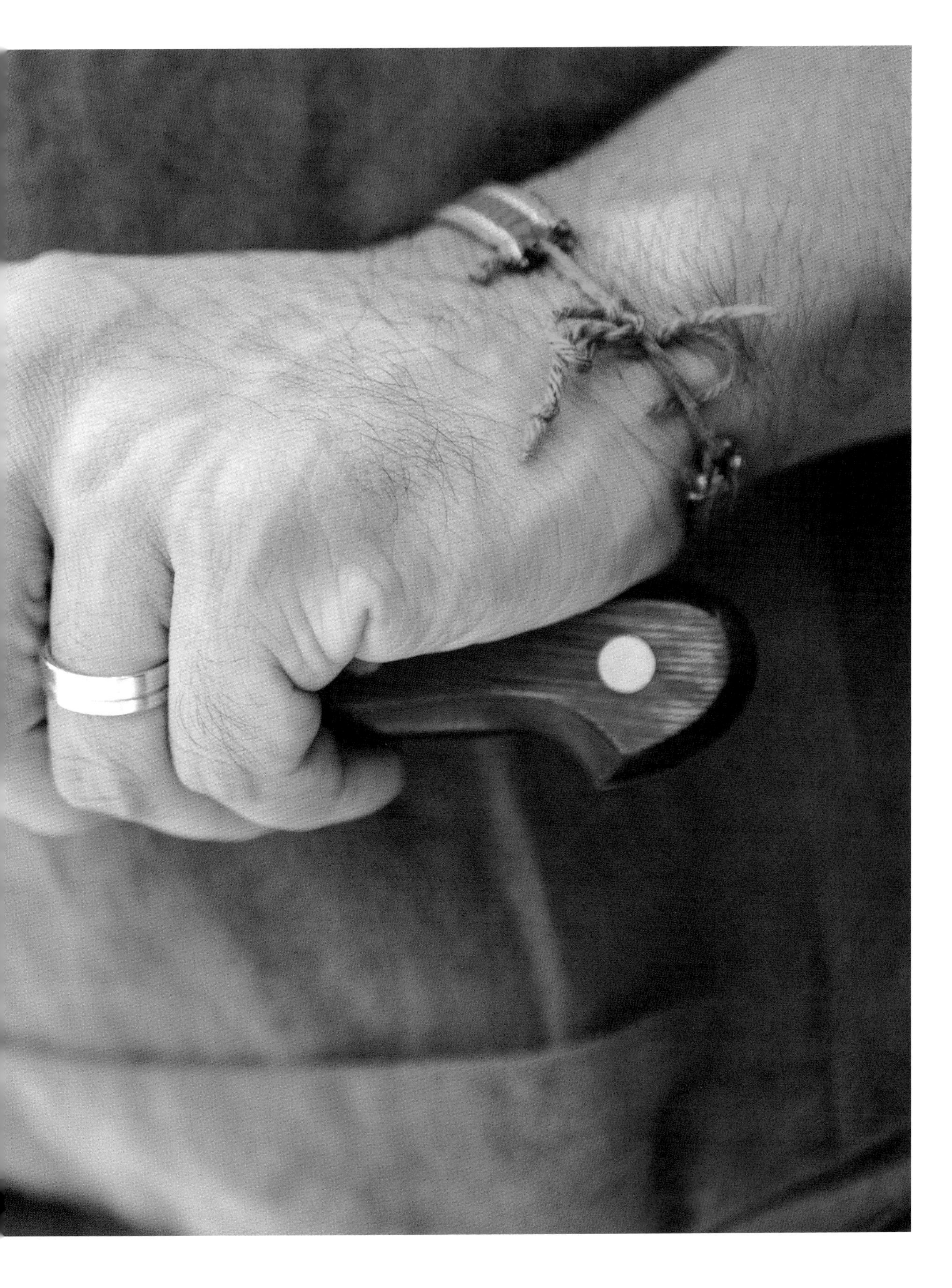

WHAT YOU EAT IS WHO YOU ARE

Sam kim

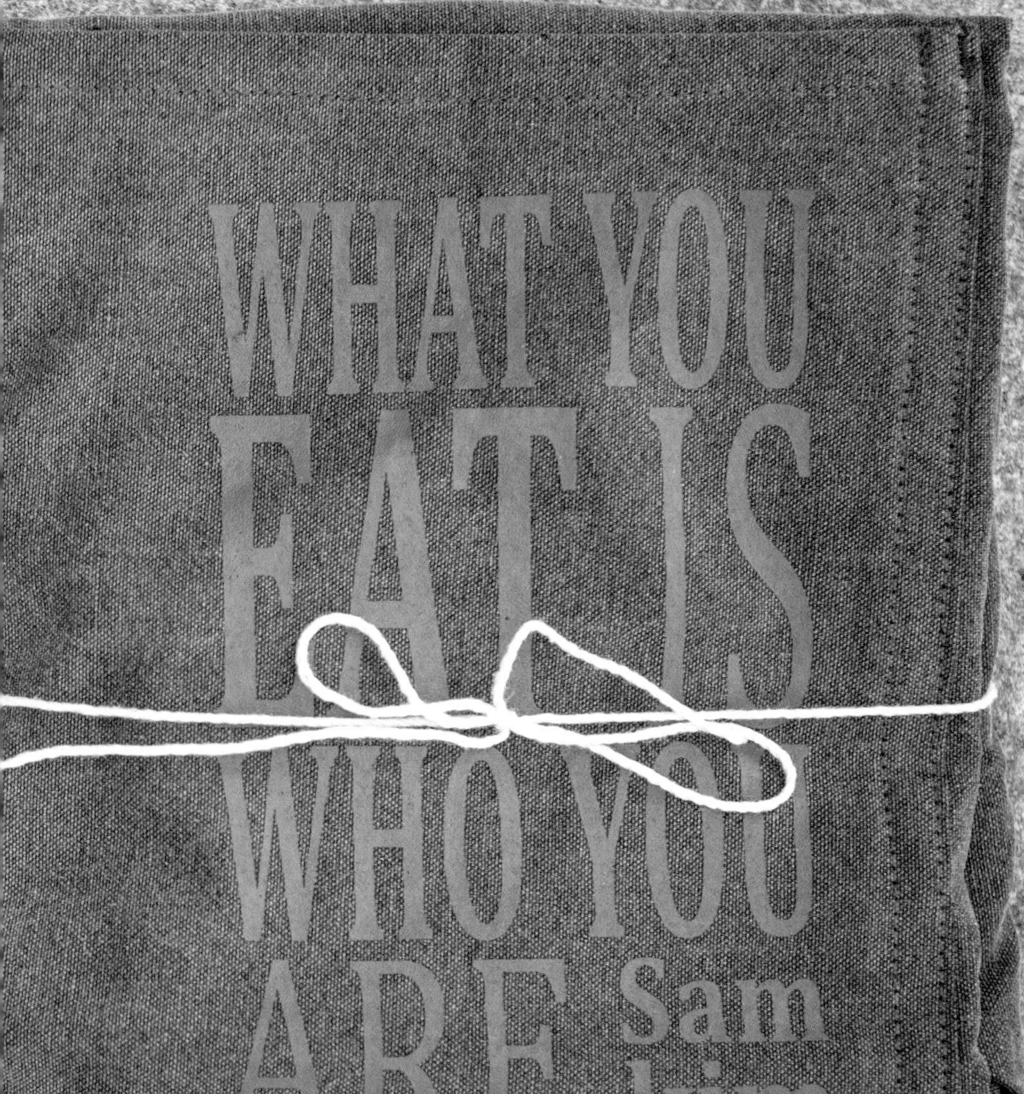
WHAT YOU
EAT IS
WHO YOU
ARE
Sam
kim

채소 수프

Vegetables Soup

1 양파, 당근, 셀러리, 감자, 애호박, 양배추를 작은 크기(1×1cm)로 자른다.

2 냄비에 올리브오일을 두르고, 닭가슴살과 베이컨을 넣어 익힌다.

3 닭가슴살과 베이컨이 익으면 건져내고 (1)의 채소들을 넣어 볶으며 소금 간을 한다.

4 채소 육수를 (3)에 여러 번 나누어 넣어 채소들을 익힌다.

5 (4)의 채소가 거의 다 익으면 껍질을 제거한 방울토마토를 넣는다.

6 믹서기에 (5)를 넣고 곱게 갈아준 뒤 접시에 담고 껍질을 제거한 방울토마토와 살짝 데쳐낸 그린빈과 브로콜리니를 올린다.

양파(1개)
당근(1개)
셀러리(1줄기)
감자(1개)
애호박(1/2개)
양배추(1/6개)
방울토마토(5개)
채소 육수(2L)
닭가슴살(1개)
베이컨(3줄)
그린빈
브로콜리니
올리브오일
소금

해산물 리소토

Seafood Risotto

바지락(15개)
홍합(10개)
오징어(몸통만1/4개)
새우(1마리)
관자(1개)
마늘(1개)
다진 파슬리(1/2개)
토마토소스(2큰술)
화이트와인(3큰술)
채소 육수(1L)
생쌀(70g)
파르메산 치즈(1작은술)
버터(1작은술)
올리브오일
소금, 후추

1. 냄비에 올리브오일을 두르고, 살짝 으깬 마늘 1개와 해감된 바지락과 홍합을 넣고 함께 볶는다.

2. 화이트와인 2큰술을 (1)에 넣고 다시 한번 볶는다. 그리고 뚜껑을 닫아 두었다가 바지락과 홍합이 입을 벌리면 살만 발라낸다. 바지락과 홍합 육수는 따로 보관한다.

3. 새우와 오징어를 작은 크기(0.5×0.5cm)로 자른 뒤 팬에 올리브오일을 두르고, 다진 마늘을 넣고 새우와 오징어를 넣고 볶는다.

4. (3)에 생쌀을 넣고 화이트와인(1큰술)과 채소 육수를 부으며 쌀을 익힌다.

5. 쌀이 거의 다 익을 때쯤 (2)의 바지락, 홍합 육수를 1/2컵 정도 넣고 토마토소스를 넣어 골고루 섞는다.

6. 파르메산 치즈와 버터를 (5)에 넣고 살짝 섞어 접시에 올린다.

7. 팬에 올리브오일을 두르고 관자에 소금, 후추 간을 하여 앞뒤를 노릇하게 익히고 리소토 위에 올린다. 다진 파슬리로 마무리한다.

새우 미니파니니

Mini Panini with Lemony Shrimp

호밀빵(1/4개)
새우(4마리)
생바질(5잎)
레몬(1/2개)
브뤼셀스프라우트(1개)
라즈베리(1컵)
망고(2개)
블루베리(1개)
설탕(6큰술)
올리브오일
소금, 후추

1 라즈베리를 믹서에 넣고 간다. 설탕(3큰술)과 함께 졸인다.

2 망고는 껍질을 제거하고 과육만 믹서기에 넣어 간 뒤 설탕(3큰술)과 함께 졸인다.

3 (1)과 (2)를 차게 보관한다.

4 생바질을 슬라이스 하고, 레몬은 껍질만 제스터를 이용해 레몬제스트를 만들어 믹싱볼에 손질한 새우와 함께 넣고, 올리브오일과 섞은 뒤 30분 정도 마리네이드 한다.

5 호밀빵을 작은 사각형(4×4cm)으로 자른 뒤 겉을 바삭하게 토스트 한다.

6 팬에 올리브오일을 두르고 (4)의 마리네이드 한 새우를 익힌 뒤 길게 반으로 자른다.

7 (5)의 토스트 한 호밀빵 사이에 (6)의 새우들을 넣는다. 삼각형 모양으로 대각선으로 잘라 접시에 올리고 차게 보관한 라즈베리와 망고 리덕션과 블루베리 망고를 올린다.

8 브뤼셀스프라우트를 반으로 길게 자른 뒤 팬에 올리브오일을 두르고, 소금, 후추 간을 하여 자른 단면 쪽만 익히고 (7)의 접시에 올린다.

고르곤졸라 무스와 프로슈토

Prosuitto with Gorgonzola Cheese Mousse

고르곤졸라 치즈(2큰술)
생크림(3컵)
프로슈토(2개 슬라이스)
펜넬(1/4개 슬라이스)
루콜라
민트

1. 믹싱볼에 생크림(1컵)을 넣고 고르곤졸라 치즈를 부수어 넣어 중탕물 위에서 천천히 녹인다.

2. 남은 생크림(2컵)을 믹싱볼에 넣고 휘퍼로 저어서 80% 정도로 올린다. (휘퍼 끝으로 저어놓은 생크림을 찍어서 거꾸로 세워보았을 때 끝이 옆으로 살짝 쓰러지는 정도.)

3. (1)에 (2)를 두세 번에 나누어서 넣어 섞고, 냉장고에 2시간 이상 보관한다.

4. 접시에 루콜라를 올리고, 슬라이스 한 프로슈토를 올리고, (3)의 고르곤졸라 무스를 옆에 놓은 뒤, 슬라이스 한 펜넬과 민트 잎으로 장식한다.

글레이즈 살구 샐러드

Glazed Apricot Salad

살구(4개)
브랜디(1컵)
오렌지주스(1컵)
설탕(1/2컵)
오이(1/2개)
페타 치즈(2큰술)
레드래디시(1개)
양상추(1/6개)
딜
민트
올리브오일

1 작은 냄비에 브랜디를 넣고 중불에서 끓인다.

2 (1)의 알코올이 증발되고 1/3 정도 졸여지면 오렌지주스를 넣고 약불에서 1/3 정도 졸인다.

3 (2)에 설탕을 넣고 시럽의 농도가 될 때까지 졸인다.

4 씨를 제거한 살구를 2등분해두고, 오이와 래디시를 얇게 슬라이스 한다.

5 양상추는 제일 바삭한 부분만 조금 준비하고 페타 치즈를 잘게 부순다.

6 (3)을 2등분한 살구의 과육 쪽에 발라준 뒤 그릴 위에서 살짝만 굽는다.

7 구운 살구를 접시에 나란히 올리고 사이사이에 슬라이스 한 오이와 래디시를 넣고 양상추를 올린다.

8 페타 치즈를 (7) 위에 골고루 뿌리고, (3)을 한 번 더 뿌린다. 올리브오일도 살짝 뿌린 뒤, 민트와 딜을 올린다.

울타리콩 수프

Summer Bean Stew

양파(1개)
당근(1/3개)
양배추(1/4개)
울타리콩(2컵)
채소 육수(2L)
베이컨(3장)
완두콩(1개)
화이트와인(1큰술)
방울토마토(5개)
다진 파슬리(1작은술)
올리브오일
소금

1 양파, 당근, 양배추를 작은 크기(1×1cm)로 자르고 방울토마토를 2등분 한다.

2 냄비에 올리브오일을 두르고, 슬라이스 한 베이컨을 볶다가 건져내고, (1)의 채소들을 넣어 볶는다. 화이트와인을 넣어준 뒤 다진 파슬리와 2등분한 방울토마토를 넣는다.

3 채소 육수를 (2)에 여러 번 나누어 넣으며 콩과 채소를 익힌다.

4 (3)을 접시에 담고 완두콩을 소금물에 데쳐내어 올린다.

바질페스토와 전복 탈리아텔레

Fresh Basil Pesto, Abalone with Tagliatelle

생바질(130g)
전복(1개)
잣(75g)
파르메산 치즈(105g)
페코리노(50g)
마늘(1개)
탈리아텔레 면(100g)
올리브오일(130g)

1 믹서기에 전복과 올리브오일을 제외한 모든 재료를 넣는다. 올리브오일을 조금씩 넣어가며 믹서기로 재료를 간다. 너무 곱지 않게, 약간 거칠게 간다.

2 전복을 손질하며 반을 얇게 슬라이스 하고 나머지 반은 곱게 다진다.

3 팬에 올리브오일을 두르고 (2)의 전복을 살짝만 구워 다른 팬에 담는다.

4 구운 전복을 넣은 팬에 (1)의 바질페스토 2큰술을 넣고 탈리아텔레 면을 5분간 소금물에 삶은 뒤 함께 넣어 골고루 섞는다.

훈제 오리가슴살과 글레이즈 복숭아

Smoked Duck Breast with Glazed Peach

글레이즈 복숭아 샐러드

복숭아(1개)
브랜디(1컵)
오렌지주스(1컵)
설탕(1/2컵)

1 작은 냄비에 브랜디를 넣고 중불에서 끓인다.

2 (1)의 알코올이 증발되고 1/3 정도 졸여지면 오렌지주스를 넣고 약불에서 1/3 정도 더 졸인다.

3 (2)에 설탕을 넣고 시럽의 농도가 될 때까지 졸인다.

4 복숭아의 씨를 제거하고 6등분하여 팬에 (3)의 리덕션을 바른다. 살짝만 익힌 뒤 냉장고에서 차게 보관한다.

훈제 오리가슴살

물(1L)
소금(100g)
설탕(50g)
로즈메리(5잎)
타임(5줄기)
파슬리(5잎)
월계수 잎(1장)
통후추(10알)
오리가슴살(1개)
참나무(500g)

1 용기에 물, 소금, 설탕을 넣고 골고루 저어서 소금과 설탕을 녹인다.

2 로즈메리, 타임, 파슬리, 월계수 잎, 통후추를 넣고 오리가슴살을 넣어 완전히 잠기게 담는다.

3 (2)를 2시간 정도 마리네이드 하고, 흐르는 물에 마리네이드 된 가슴살을 씻어내 냉장고에서 6시간 정도 건조시킨다.

4 70도로 오븐을 예열한 뒤 참나무를 골고루 펴서 넓은 용기에 담아 불을 붙인다. 참나무가 거의 다 탔을 때 참나무 위에 밑이 뚫려 있는 작은 받침을 올리고 오리가슴살을 그 위에 올려 2시간 정도 훈제한다.

그린빈(4개)
블루베리(4알)
미니채소(조금)

완성하기

1 훈제한 오리가슴살을 얇게 슬라이스 하여 그릴 위에서 굽고, 접시에 올린다.

2 글레이즈한 복숭아와 데친 그린빈을 올리고, 블루베리를 2등분하여 장식한다.

3 복숭아에 글레이즈 한 리덕션을 전체적으로 한번 뿌리고, 올리브오일을 한 번 더 뿌린다.

아스파라거스와 수란

Poached Egg with Creamy Asparagus

아스파라거스(10개)
그린빈(2개)
달걀(1개)
파르메산 치즈(1큰술)
양파(1/3개)
채소 육수(500ml)
방울토마토(2개)
올리브오일
소금

1. 아스파라거스를 손질해놓고 작은 크기(길이 2cm)로 자른다.
2. 양파를 슬라이스 한다.
3. 냄비에 올리브오일을 두르고, 양파를 볶다가 (1)의 아스파라거스를 넣고 볶는다.
4. 채소 육수를 (3)에 나누어 넣은 뒤 아스파라거스를 익힌 다음 믹서기에 넣어 간다.
5. 국자를 이용해서 뜨거운 물에 달걀노른자만 넣고 살짝만 익힌다.
6. 접시에 (4)의 아스파라거스 퓌레를 깔고, 살짝 데친 아스파라거스와 그린빈을 올리고, 방울토마토의 껍질과 씨를 제거하고 4등분하여 올린다.
7. (5)의 달걀노른자를 아스파라거스 퓌레 옆에 올린다.

도라지 수프

Doraji Soup

도라지(50g)
감자(1개)
우유(1.5L)
생크림(1/2컵)
단호박(1/2개)
블랙올리브 가루(1작은술)
소금

1 감자와 도라지를 깨끗이 씻고 껍질을 완전히 제거한 뒤 작은 크기(1×1cm)로 자른다.

2 냄비에 우유와 (1)을 넣고 도라지와 감자가 완전히 익어 부서질 정도로 익힌다.

3 (2)에 생크림을 조금 부어서 다시 한번 섞어준 뒤 믹서기에 넣고 소금 간을 한다. 그리고 다시 간다.

4 단호박은 2등분한 후 씨를 제거하고 175도 오븐에서 20분 정도 익힌다.

5 접시에 (3)의 감자 도라지 퓌레를 반 정도 채우고 (4)의 구운 단호박을 반 정도 채운다.

6 튀긴 도라지와 블랙올리브 가루를 위에 뿌린다.

블랙올리브 가루

블랙올리브

1 블랙올리브를 원형을 살려서 얇게 슬라이스 한다.

2 오븐에 넣을 수 있는 넓은 팬에 유산지를 깔고 (1)의 블랙올리브를 겹치지 않게 깔아 75도 오븐에서 반나절 정도 완전히 말린 뒤 믹서기에 넣어 곱게 간다.

식재료를 구하다보니 아무래도
구미에 딱 맞는 것을 찾기 어렵더라고요.
그래서 직접 농사를 지어보자 생각했지요.
자주 들러야 하는 만큼
집 가까이에 있는 곳 위주로 물색했는데
마침 공항 근처에서 개발이 안 된,
옛 모습을 그대로 간직한 땅을 발견했어요.
주변 농부들의 도움을 받으며
12가지 종류의 채소를 기르고 있는데,
땅과 볕이 좋아서인지 무척 잘 자라요.
다른 데서 구입할 필요 없이 여기에서 기른
식재료만으로 요리를 할 수 있을 정도지요.
하루가 다르게 자라는
농작물을 보는 재미가 대단합니다.

고르곤졸라 치즈 플란과 풋사과

Korean Green Apple with Gorgonzola Flan

고르곤졸라 치즈크림

고르곤졸라 치즈(30g)
생크림(50g)

1 믹싱볼에 생크림을 넣고 고르곤졸라 치즈를 부수어 넣어 생크림과 골고루 섞는다.

스파이시 호두

호두(10알)
카옌페퍼(1작은술)
황설탕(1큰술)

1 믹싱볼에 황설탕과 카옌페퍼를 넣고 골고루 섞는다.

2 호두를 뜨거운 물에 살짝 데쳐내어 바로 (1)의 믹싱볼에 넣고 골고루 섞는다.

3 팬에 유산지를 깔고 (2)를 겹치지 않게 펴서 설탕이 살짝만 녹을 정도로 90도 오븐에서 굽는다.

풋사과 퓌레

풋사과(2개)
레몬즙(1큰술)
올리브오일(3큰술)

1 풋사과의 껍질과 씨를 제거하고 작은 크기로 잘라 진공팩이나 지퍼백에 담는다.

2 (1)에 레몬즙과 올리브오일을 넣고 골고루 섞은 뒤 끓는 물에 넣어서 불을 줄이고 천천히 익힌다.

3 (2)의 사과가 다 익으면 믹서기로 갈아서 차게 보관한다.

고르곤졸라 플란

고르곤졸라 치즈(50g)
생크림(16g)
리코타 치즈(16g)
우유(10g)
달걀(1개)
설탕(15g)
호두(5개)

1 믹싱볼에 고르곤졸라 치즈와 생크림, 리코타 치즈를 넣고 섞는다.

2 (1)에 우유, 달걀, 설탕을 넣고 섞고 호두를 다져서 넣는다.

3 오븐에 들어갈 수 있는 용기에 (2)를 담아서 중탕물 위에 두고 150도 오븐에서 30분 정도 굽는다.

어린 새싹 잎(조금)
프리제(조금)
레몬드레싱(조금)

완성하기

1 믹싱볼에 레몬즙과 올리브오일을 1:3 비율로 넣고 골고루 섞으면서 소금 간을 조금 한다.

2 접시 위에 사과 퓌레와 고르곤졸라 크림을 올린 뒤 어린 새싹 잎을 얹고 스파이스 호두를 다져서 뿌리고 고르곤졸라 플란, 프리제를 올린다.

3 (1)의 레몬드레싱을 전체적으로 뿌린다.

레어 치즈 케이크

Rare Cheese Cake with Mango Sorbet

제누와즈

달걀(90g)
설탕(50g)
올리고당(10g)
박력분(55g)
버터(7g)
우유(12g)

1. 달걀, 설탕, 올리고당을 믹싱볼에 넣고 중탕물 위에서 설탕이 녹을 때까지 섞는다.
2. (1)을 키친에이드로 아이보리색의 리본 모양이 보일 때까지 섞는다.
3. 박력분을 체에 걸러서 (2)에 두 번에 나누어 넣으며 천천히 섞는다.
4. 버터와 우유를 믹싱볼에 담아 중탕물 위에서 섞고 (3)에 넣어 섞은 뒤 175도 오븐에서 25분 정도 굽는다.

레어 치즈크림

크림 치즈(85g)
설탕(30g)
요거트(70g)
젤라틴(2장)
생크림(70g)

1. 믹싱볼에 크림치즈를 넣고 부드러워질 때까지 휘퍼로 푼다.
2. 설탕을 (1)에 넣고 섞다가 요거트를 넣고 다시 한번 섞는다.
3. 중탕물에 살짝 녹인 젤라틴을 (1)에 넣고 섞는다.
4. 생크림을 90%(휘퍼 끝으로 묻혀서 세웠을 때 끝이 살짝만 휘는 정도)로 올린 것을 (1)에 넣고 다시 한번 섞는다.
5. 차게 보관한 뒤 원형 틀을 이용해서 레어 치즈 케이크의 모양을 만든다.

망고젤리

설탕(30g)
우유(100g)
생크림(125g)
젤라틴(2장)
망고(과육만 210g)

1. 냄비에 설탕, 우유, 생크림을 넣어 설탕이 녹을 때까지만 가열한다.
2. 중탕물에 불린 젤라틴을 (1)에 넣는다.
3. 망고 과육을 갈아서 (1)에 넣고 섞는다.
4. (1)을 체에 걸러서 원형 모형 틀에 넣고 냉동시켜서 사용한다.

1 냄비에 우유와 바닐라빈을 넣고 살짝 끓인다.

2 믹싱볼에 달걀노른자와 설탕을 넣고 섞은 뒤 (1)에 넣고 섞은 뒤 약불에서 천천히 섞어 끓여주면서 농도가 걸쭉해지면 체에 거른다.

앙글레즈크림

우유(50g), 설탕(20g)
바닐라빈(1/2개)
달걀노른자(1개)

완성하기

1 제누와즈를 접시에 깔고 시럽을 바른다.

2 원형의 레어 치즈를 제누와즈 위에 올린다.

3 (2)의 가운데 앙글레즈크림을 채우고 레어 치즈 위에 망고젤리를 올리고 헤이즐넛 파우더와 민트 잎, 다진 망고를 올린다.

헤이즐넛 파우더(2큰술)
민트 잎(2잎)
망고(다진 것 조금)

식재료의 컬러 조합은
상대방에게 요리로 편지를 쓰는 것과 같아요.
내가 상대방에게 얼마나 관심이 있는지,
어떤 마음을 갖고 만들었는지 보여주는 거죠.

마카롱

Macaron

1 아몬드 가루와 슈가 파우더를 두 번 체에 내린다.

2 달걀흰자와 색소를 원하는 만큼 섞는다.

3 (1)과 (2)를 섞는다.

4 냄비에 설탕(225g)과 물을 넣고 시럽을 만든다.

5 키친에이드로 믹싱볼에 달걀흰자와 설탕(25g)을 넣고 70%(휘퍼 끝으로 찔러서 거꾸로 세웠을 때 끝이 반 정도 옆으로 누웠을 때) 정도로 올린다.

6 (4)를 (5)에 천천히 부으면서 100%(휘퍼 끝으로 찔렀을 때 옆으로 거의 눕지 않을 정도)로 올린다.

7 (6)을 (3)에 두 번에 나누어 넣어 섞는다.

8 (7)은 광택이 나고 반죽의 상태가 부드럽게 흐를 정도가 되면 된다.

9 (8)을 짤주머니에 넣어 오븐에 들어갈 수 있는 팬 위에 동일한 동전 크기 모양으로 짜고 150도 오븐에서 9분 정도 익힌다.

아몬드 가루(225g)
슈가 파우더(225g)
달걀흰자(90g)
식용 색소(조금)
설탕(250g)
물(68g)
설탕(25g)

---

1 믹싱볼에 설탕, 레몬제스트, 레몬즙을 넣고 살짝 섞은 뒤, 달걀을 넣고 중탕물에서 천천히 저으면서 설탕을 녹인다.

2 버터를 (1)에 넣고 녹여준 뒤 냉장고에서 하루 정도 숙성시킨다.

3 아몬드 가루를 (2)와 섞어 마카롱 사이에 채운다.

레몬크림 필링

설탕(110g)
레몬제스트(1작은술)
레몬즙(80g)
달걀(112g)
버터(175g)
아몬드 가루(50g)

토끼 라구 파파르델레

Pappardelle with Wild Rabbit Ragu

파파르델레 면(80g)
토끼(1/2마리)
당근(1/2개)
양파(2개)
셀러리(1줄기)
월계수 잎(3장)
통마늘(3개)
로즈메리(3줄기)
타임(5줄기)
포트와인(500ml)
채소 육수(1L)
토마토페이스트(1큰술)
버터(1작은술)
올리브오일
소금, 후추

1. 양파, 당근, 셀러리는 작은 주사위 크기(1×1cm)로 썰고 마늘은 으깬다.
2. 냄비에 올리브오일을 두르고, 손질한 토끼 고기에 소금, 후추 간을 한다. 토끼 고기를 냄비에 넣어 살짝 구웠다가 다시 빼낸다.
3. (1)의 채소를 (2)에 넣어 볶다가 토마토페이스트를 넣어 다시 한번 볶는다.
4. 포트와인을 (3)에 부어준 뒤 알코올이 날아가면 (2)의 토끼 고기를 다시 넣고, 채소 육수를 나누어 넣고 뚜껑을 덮어 중불에서 토끼살이 부드럽게 부서질 정도까지 익힌다.
5. 파파르델레 면을 소금물에 5분 정도 익히고 (4)의 라구와 버터를 넣어 함께 골고루 섞어준 뒤 접시에 담는다.
6. 미니당근을 살짝 그릴 해서 세이지와 함께 파파르델레 위에 올린다.

치킨 콩소메

Korean Chicken Consommé

1 손질한 닭을 부위별로 작은 크기로 자른다.

2 믹싱볼에 달걀흰자를 거품이 살짝 일어날 정도로 섞고, (1)의 닭과 마늘을 함께 섞는다.

3 냄비에 (2)를 넣고 통후추와 월계수 잎을 넣고 물을 부어 약불에서 끓이다가 흰자 막이 생기면 작은 구멍을 내고 1/3 정도 졸인다.

닭(1마리)
월계수 잎(2장)
물(2L)
통후추(10알)
달걀흰자(3개)

인삼 토르텔로니

1 껍질을 제거하고 작은 크기(1×1cm)로 자른 인삼과 감자를 냄비에 넣고 우유와 함께 중불에서 익힌다.

2 (1)의 인삼과 감자가 부서질 정도로 익으면 소금, 후추 간을 한다.

3 파스타 반죽 면을 원형 틀을 이용해 잘라 (2)의 소를 채운다.

4 작은 토르텔로니를 만든다.

인삼(100g)
감자(1/2개)
우유(300ml)
소금, 후추

토르텔로니 반죽

1 밀가루와 세몰리나를 섞고 가운데 작은 우물 모양 공간을 만들어, 달걀노른자와 전란을 넣고 골고루 섞는다.

2 냉장고에 30분간 숙성시켰다가 얇게 민다.

밀가루(200g)
세몰리나(50g)
달걀노른자(3개)
달걀전란(1개)

완성하기

1 소금물에 3분간 익힌 토르텔로니를 접시에 넣고 익힌 닭가슴살 조금과 인삼 줄기를 올린 뒤 송로버섯을 슬라이스 해서 얹고 마무리한다.

2 치킨 콩소메를 붓고, 처빌을 올린다.

송로버섯
인삼
처빌

전복과 관자구이

Pan Fried Abalone, Scallop with Crispy Herbed Bread Crumbs

관자(1개)
전복(1/2개)
망고(1/6개)
토마토콘카세(1작은술)
생바질(1잎)
다진 파슬리(아주 조금)
말린 호박꽃잎(1잎)
허브빵 가루(2큰술)
천일염

1. 망고의 씨와 껍질을 제거하여 작은 크기(0.5×0.5cm)로 자르고, 생바질을 아주 얇게 슬라이스 한다.
2. 팬에 올리브오일을 두르고, 손질한 관자와 전복을 소금, 후추 간을 하여 굽는다.
3. 접시에 천일염을 흩뿌린 뒤 관자 껍데기를 놓고 그 위에 허브빵 가루를 올린다.
4. (2)의 구운 관자와 전복을 허브빵 가루 위에 올리고, (1)의 망고와 토마토콘카세, (1)의 생바질과 다진 파슬리를 조금씩 올리고 말린 호박꽃잎으로 마무리한다.

허브빵 가루

버터(2큰술)
올리브오일(2큰술)
마늘(1개)
타임(1줄기)
로즈메리(2줄기)
빵가루(1컵)
피스타치오(5알)

1. 마늘을 곱게 다지고 로즈메리와 타임, 피스타치오를 곱게 다진다.
2. 팬에 버터와 올리브오일을 넣고 약불에서 버터가 녹으면 (1)을 넣고 볶은 뒤 빵가루와 함께 볶는다.

가지 캐비아

Egg Plant Caviar

1 가지(3개)를 세로로 길게 썬 뒤 자른 면 위에 올리브오일, 소금, 후추를 바르고 175도 오븐에서 15분 정도 익힌다.

2 (1)의 익은 가지 소를 믹서기에 넣고 올리브오일(3큰술)을 천천히 부으며 갈고 소금, 후추 간을 한다.

3 아스파라거스와 가지를 작은 크기(1×1cm)로 잘라두고 팬에 올리브오일을 두른다. 가지와 아스파라거스를 볶다가 소금, 후추 간을 한 뒤 잣을 넣어 다시 한번 볶는다.

4 투명한 컵에 (2)를 넣은 다음 (3)의 볶은 아스파라거스와 가지를 넣고, 허브크루통과 캐비아를 올리고, 파르메산 치즈 폼을 위에 올리고, 튀겨낸 가지 껍질을 올린다.

가지(3개+1/4개)
허브크루통(1큰술)
잣(1작은술)
캐비아(1/2작은술)
아스파라거스(1개)
가지 껍질(조금)
올리브오일
소금, 후추

파르메산 치즈 폼

1 냄비에 우유와 갈아놓은 파르메산 치즈를 넣고 치즈가 녹을 때까지 약불에서 젓는다.

2 레시틴을 넣고 골고루 섞어준 뒤 거품기를 이용해 폼을 만든다.

우유(200ml)
파르메산 치즈(20g)
레시틴(1/2작은술)

허브크루통

1 브리오슈를 작은 크기(1×1cm)로 자른다.

2 로즈메리를 다지고, 팬에 올리브오일과 버터를 넣어 약불에서 녹인다.

3 믹싱볼에 (1), (2)를 넣어 골고루 섞고 175도 오븐에서 5분 정도 굽는다.

브리오슈(1/2개)
로즈메리(3줄기)
버터(2큰술)
올리브오일(3큰술)

루콜라 셔벗

Arugula Sorbet

루콜라(40g)
생수(400ml)
레몬즙(100ml)
시럽(2큰술)

1 믹서기에 생수와 루콜라를 넣고 갈아준 뒤 체에 거른다.

2 (1)에 레몬즙과 시럽을 넣는다. 4시간 이상 냉동고에 넣어둔 뒤 사용한다.

푸아그라와 안심스테이크

Filet Mignon with Sautéed Foiegras

안심(90g)
푸아그라(30g)
절인 무화과
미니당근
아스파라거스
파프리카
데미트러플 소스
밀가루
올리브오일
소금, 후추

1 손질한 안심에 소금, 후추 간을 하고 팬에 앞뒤를 살짝만 구운 뒤 175도 오븐에서 익힌다.

2 미니당근, 파프리카, 아스파라거스에 올리브오일을 바르고 소금, 후추 간을 한다. 그릴 위에서 살짝 굽고 오븐에서 익힌다.

3 푸아그라에 소금, 후추 간을 한다. 팬을 달구고 푸아그라를 익힌다.

4 접시 위에 파스닙 퓌레를 올리고, (2)의 구운 채소를 올리고, (1)의 안심을 올리고, 그 위에 (3)의 푸아그라, 절인 무화과를 순서대로 올리고, 마지막에 데미트러플 소스를 올려 마무리한다.

파스닙 퓌레

파스닙(1개)
버터(1큰술)
우유(500ml)
소금

1 파스닙을 껍질을 제거하고 작은 크기(1×1cm)로 자른다.

2 냄비에 우유와 (1)의 파스닙을 넣고 소금 간을 한 뒤 파스닙이 다 익으면 믹서기에 버터와 함께 넣고 간다.

건무화과 조림

건무화과(200g)
포트와인(300ml)
시나몬스틱(작은 크기 1개)

1 냄비에 포트와인을 넣고 알코올이 증발할 때까지 열을 가한다.

2 (1)에 알코올이 날아가면 건무화과, 시나몬스틱을 넣고 건무화과가 부드러워질 때까지 함께 졸인다.

데미글라스

소뼈(3kg)
양파(500g), 당근(100g)
셀러리(100g)
토마토페이스트(1큰술)
레드와인(400ml)
통후추(5g)
로즈메리(4g)
타임(4g), 물(10L)
월계수 잎(2g)
올리브오일, 소금

1 양파, 당근, 셀러리를 작은 크기(1×1cm)로 자른다.

2 냄비에 올리브오일을 두르고, 소뼈를 넣고 앞뒤를 바삭하게 익힌다.

3 (2)의 구운 소뼈를 냄비에서 빼내고 (1)의 채소를 넣고 볶다가 토마토페이스트를 넣고 다시 한번 볶고 레드와인을 넣는다.

4 (3)에 물을 넣고 통후추, 로즈메리, 타임, 월계수 잎을 넣는다. 2/3 정도를 중불에서 바닥이 타지 않게 졸인다.

데미트러플 소스

데미글라스(3큰술)
트러플오일(1큰술)
버터(1큰술)

1 냄비에 데미글라스를 넣고 약불에서 버터를 넣어 녹이고, 사용 직전에 트러플오일을 넣는다.

금태구이

Pan Seared Red Mullet with Bottarga

1 브로콜리니와 미니당근은 소금물에 살짝만 데치고, 대파는 하얀색 부분만 올리브오일을 바른 후, 미니양파와 함께 소금, 후추 간을 해서 그릴에 굽는다.

2 금태에 소금, 후추 간을 하고 팬에 올리브오일을 두른다. 껍질 쪽부터 구워 앞뒤를 익힌다.

3 접시에 구운 금태를 올리고, 구운 대파와 미니양파, 데친 미니당근과 슬라이스 한 보타르가와 파프리카 처트니를 올린다.

금태(80g)
보타르가(염장숭어알3장)
브로콜리니(1줄기)
파프리카 처트니(1큰술)
대파(1줄기)
미니당근(1개)
미니양파(1개)
올리브오일
소금, 후추

파프리카 처트니

1 파프리카를 올리브오일을 발라 175도 오븐에서 굽는다.

2 (1)의 파프리카를 껍질과 씨를 제거하고 믹싱볼에 넣고 아몬드를 곱게 갈아서 믹싱볼에 넣는다. 올리브오일과 파르메산 치즈를 넣어 골고루 섞는다.

파프리카(1개)
아몬드(3알)
올리브오일(1큰술)
파르메산 치즈(1작은술)

살모릴리오

1 믹싱볼에 다진 오레가노, 토마토콘카세, 물, 레몬즙을 넣는다.

2 올리브오일을 (1)에 넣어 골고루 섞는다.

토마토콘카세(1작은술)
오레가노(1줄기)
레몬즙(1/2개), 물(100ml)
올리브오일(20ml)

금태스톡

1 금태생선뼈를 깨끗이 씻어내고 작은 조각으로 자른다.

2 양파, 당근, 셀러리를 각각 4등분한다.

3 냄비에 금태생선뼈를 넣고 (2)의 채소를 넣고 통후추, 월계수 잎, 타임, 물을 넣고 중불에서 끓여서 1/3을 졸인다.

금태생선뼈(1마리)
양파(1개)
당근(1/3개)
셀러리(1줄기)
통후추(10알)
월계수 잎(1장)
타임(2잎)
물(1.5L)

요리의 세계에 발 들여놓은 지 이십여 년,
재료를 배우고 테크닉을 익히며 요리의 근본을 따라
도달한 곳은 결국 다시 식재료였어요.
토마토 한 알이 어떤 환경에서 새빨갛게 여무는지,
가지는 익어가면서 어떤 성격을 보이는지,
호박이 자라나는 모습은 얼마나 기특한지.
자연의 경이로움을 찬찬히 바라보고 있으면
하나의 요리도 소홀할 수 없을 뿐더러
접시 가득 두근거림을 담고 싶지요.

STONE ISLAND

호박 수프와 가지 그라탕

Butternut Squash with Eggplant Gratin

늙은호박(1/2개)
땅콩호박(1/2개)
가지(1/4개)
토마토소스(1큰술)
카옌페퍼(1/4작은술)
빵가루(1큰술)
파르메산 치즈(1큰술)
생크림(100ml)
올리브오일
소금, 후추

1. 늙은호박과 땅콩호박을 2등분하여 씨를 제거하고 175도 오븐에서 25분 정도 익힌다.
2. (1)의 호박 껍질을 제거하고 살만 믹서기에 넣고 호박에서 나온 즙도 함께 넣어 간다.
3. (2)를 냄비에 넣고 생크림을 조금 넣고 소금 간을 한다.
4. 가지를 원형으로 슬라이스 해 올리브오일을 바른 후, 소금, 후추 간을 한 뒤 그릴 해서 익힌다.
5. (4)의 가지에 카옌페퍼를 살짝 뿌리고 토마토소스를 바르고 빵가루를 올린 뒤 파르메산 치즈를 올려 175도 오븐에서 치즈를 살짝 녹이고 빵가루가 노릇해질 때까지 굽는다.
6. (3)의 호박 수프를 접시에 담고 (5)의 가지를 올린다.

토마토소스

캔홀토마토(1개 2.5kg)
양파(1개)
소금(1큰술)
설탕(1큰술)
버터(1큰술)
월계수 잎(1장)
올리브오일

1. 냄비에 올리브오일을 두르고 슬라이스 한 양파를 볶는다.
2. 캔홀토마토, 소금, 설탕, 월계수 잎을 넣고, 1/3 정도 졸인다.
3. (2)에 버터를 넣고 골고루 섞는다.

해산물구이

Seafood Grillia

1 대파의 흰 부분과 미니양파를 굽고, 코니촌도 슬라이스 하고, 레몬과 육쪽마늘도 굽는다.

2 팬에 올리브오일을 두르고, 손질한 생선과 새우, 오징어몸통을 소금, 후추 간을 하여 굽는다.

3 접시에 구운 대파와 파프리카 처트니를 담고, 구운 미니양파, 레몬, 육쪽마늘을 올리고, (2)의 익힌 해산물들을 올린다. 슬라이스 한 코니촌과 케이퍼베리, 선드라이 토마토, 루콜라를 곳곳에 두고 올리브오일을 전체적으로 뿌린다.

농어(70g)
광어(70g)
새우(1마리)
오징어(1/2마리)
대파(1/2개)
케이퍼베리(조금)
코니촌(조금)
육쪽마늘(1개)
레몬(1/2개)
루콜라(조금)
파프리카 처트니(조금)
올리브오일, 소금, 후추

---

1 믹싱볼에 2등분한 방울토마토를 넣는다.

2 마늘을 얇게 슬라이스 하고, 타임을 살짝 다져서 황설탕, 올리브오일과 함께 골고루 섞은 뒤 오븐에 들어갈 수 있는 용기에 방울토마토를 넓게 펴고 70도 오븐에서 1~2시간 정도 천천히 익힌다.

선드라이 토마토

방울토마토(10개)
타임(2줄기)
마늘(1개)
황설탕(1작은술)
올리브오일(조금)

해산물 샐러드와 애호박크림

Poached Seafood with Creamy Squash

애호박(2개)
양파(1/4개)
채소스톡(500ml)
새우(1마리)
홍합(2개)
바지락(5개)
중합(2개)
감자(1/5개)
펜넬(1/5개)
캐모마일 티백(1개)
레몬(1/4개)
생크림(3큰술)
화이트와인 드레싱(2큰술)
딜(조금)
올리브오일, 소금

1. 양파를 슬라이스 하고, 애호박은 가운데 씨를 제거하고 작은 크기(1×1cm)로 자른다.
2. 냄비에 올리브오일을 두르고, 양파를 볶다가 애호박을 넣고 다시 한번 볶고 소금 간을 한다. 채소스톡을 넣어 애호박을 익힌다.
3. (2)의 애호박이 다 익으면 생크림과 함께 믹서기에 넣고 곱게 간 후 차게 보관한다.
4. 냄비에 물(500ml 정도)을 넣고 레몬즙과 캐모마일 티백을 넣어준 뒤 끓기 시작할 때 새우, 홍합, 바지락, 중합을 넣어 익히고 감자를 작게(0.5×0.5cm) 잘라서 살짝 데친다.
5. (4)를 믹싱볼에 바로 담아서 화이트와인 드레싱과 함께 섞는다.
6. 접시에 (3)의 애호박크림을 얹고, (5)의 해산물과 감자를 올린 뒤, 얇게 슬라이스 한 펜넬과 딜을 올려 마무리한다.

밀라네제 리소토와 병아리콩

Pan Fried Squid Stuffed with Milanese Risotto with Savory Ceci

사프란(1/2작은술)
생쌀(50g)
파르메산 치즈(1큰술)
버터(1작은술)
양파(1/8개)
화이트와인(1큰술)
채소 육수(500ml)
병아리콩 스튜(1/2컵)
오징어(1/5마리)
애호박(1/4개)
아라비아타 소스(1/2컵)
다진 파슬리(1/4작은술)
레드래디시(조금)
로즈메리(조금)
올리브오일
소금

1. 작은 컵에 사프란과 따뜻한 물(3큰술)을 담는다.

2. 냄비에 올리브오일을 두른 뒤 곱게 다진 양파를 살짝 볶고, 생쌀을 넣어 함께 볶다가 화이트와인을 붓는다. (1)을 물과 함께 넣고, 채소 육수를 여러 번 나누어 넣으며 쌀을 익힌다.

3. (2)에 소금 간을 하고 쌀이 다 익으면 파르메산 치즈와 버터를 넣어 골고루 섞는다.

4. 손질한 오징어를 링 모양으로 자른 뒤 팬에 올리브오일을 두르고, 소금, 후추 간을 해서 노릇하게 익혀 접시에 담는다. 익힌 오징어링 안에 (3)의 밀라네제 리소토를 채우고 접시에 아라비아타 소스를 올린 뒤 병아리콩 스튜를 올린다.

5. 길게 슬라이스 한 애호박에 올리브오일을 바르고 소금, 후추 간을 하여 그릴 해서 익혀 동그랗게 만다. 레드래디시는 얇게 슬라이스 하고 로즈메리 한 줄기로 장식한다.

병아리콩 스튜

병아리콩(1컵)
초리조(1/8개)
양파(1/5개)
당근(1/6개)
셀러리(1/3줄기)
마늘(1개)
채소스톡(500ml)
방울토마토(3개)
화이트와인(1큰술)
다진 파슬리(1작은술)
올리브오일
소금

1. 병아리콩을 물에 2시간 정도 담가놓는다.

2. 초리조, 양파, 당근, 셀러리를 작은 크기(0.5×0.5cm)로 자른다.

3. 냄비에 올리브오일을 두르고, 초리조와 으깬 마늘을 넣어 함께 볶다가 병아리콩을 넣고 더 볶는다.

4. 양파, 당근, 셀러리를 (3)에 넣어 볶고, 화이트와인을 붓고, 2등분한 방울토마토와 다진 파슬리를 넣고 소금 간을 한다.

5. 채소스톡을 여러 번 나누어 넣어 병아리콩을 익힌다.

아라비아타 소스

토마토소스(1컵)
마늘(1개)
페페론치노(1/4작은술)
올리브오일
소금

1 팬에 올리브오일을 두르고, 얇게 슬라이스 한 마늘과 페페론치노를 넣고 볶다가 소금 간을 한 뒤 토마토소스를 넣고 살짝 졸인다. 그리고 믹서기에 곱게 갈아서 체에 거른다.

옥수수부터 호박, 당근, 빨간 무, 쌈채소, 방울토마토 등
요리에 주로 사용되는 채소들을 심었어요.
레스토랑에서 사용하려고 욕심을 조금 냈죠.
젊은 사람이 농사를 짓고 있으니까,
동네 주민들이 많이 도와주시더라고요.
오이, 마늘, 양파, 파와 같이 대량으로 필요한 식재료는
지역에서 수급하려고 생각중이에요.

프로슈토와 대파 리소토

Prosuitto & Summer Korean Leek Risotto

1 프로슈토를 작은 크기(1×1cm)로 자른다. 대파도 링 모양을 살려서 얇게 슬라이스 하고 완두콩은 소금물에 데쳐서 익힌다.

2 팬에 올리브오일을 두르고, (1)의 프로슈토를 볶아주다가 대파를 넣어 더 볶는다.

3 생쌀을 (2)에 넣고 살짝 볶다가 화이트와인을 넣고 채소 육수를 여러 번 나누어 넣어 쌀을 익힌다.

4 (3)의 쌀이 거의 다 익었을 때 파르메산 치즈와 버터와 다진 파슬리를 넣고 골고루 섞어 접시에 담는다.

5 익힌 완두콩을 올리고 딜과 함께 얇게 슬라이스 해서 튀겨낸 대파로 장식한다.

프로슈토(3슬라이스)
대파(1/2줄기)
완두콩(1개)
생쌀(70g)
채소 육수(500ml)
파르메산 치즈(1큰술)
버터(1/2큰술)
화이트와인(1큰술)
다진 파슬리(1작은술)
올리브오일
딜
소금, 후추

훈제오리와 탈리아텔레

Tagliatelle with Smoked Duck, Creamy Wild Mushroom

훈제오리(1/3개)
탈리아텔레(100g)
새송이버섯(1/3개)
마늘(1개)
생크림(1/2컵)
화이트와인(1큰술)
다진 파슬리(1작은술)
그린빈(조금)
크레송(조금)
올리브오일

1 훈제오리와 새송이버섯을 작은 크기(0.5×0.5cm)로 자른다.

2 팬에 올리브오일을 두르고, 다진 마늘을 볶다가 (1)의 훈제오리와 새송이버섯을 넣는다.

3 화이트와인을 (2)에 넣고, 생크림을 넣고, 다진 파슬리와 파스타 삶을 소금물(2큰술)을 넣는다.

4 5분간 삶은 탈리아텔레 면을 (3)에 넣어서 골고루 섞고 접시에 담는다. 데친 그린빈과 크레송을 올린다.

훈제 오리가슴살

물(1L)
소금(100g)
설탕(50g)
로즈메리(5잎)
타임(5줄기)
파슬리(5잎)
통후추(10알)
월계수 잎(1장)
오리가슴살(1개)
참나무(500g)

1 용기에 물, 소금, 설탕을 넣고 골고루 저어서 소금과 설탕을 녹인다.

2 (1)에 로즈메리, 타임, 파슬리, 월계수 잎, 통후추를 넣고 오리가슴살을 완전히 잠기게 담는다.

3 (2)를 2시간 정도 마리네이드 한 뒤 흐르는 물에 가슴살을 씻어낸다. 냉장고에서 6시간 정도 건조시킨다.

4 오븐을 70도로 예열한 뒤 참나무를 골고루 펴서 넓은 용기에 담아 불을 붙인다. 참나무가 거의 다 탔을 때 참나무 위에 밑이 뚫려 있는 작은 받침을 놓고 오리가슴살을 2시간 정도 훈제한다.

살치차와 케일 탈리아텔레

Kale Tagliatelle with Homemade Salciccia

1 믹싱볼에 다진 돼지고기를 넣고 카옌페퍼, 다지 펜넬씨드와 소금, 후추 간을 해서 골고루 섞고 2시간 이상 마리네이드 한다.

2 팬에 올리브오일을 두르고, 다진 마늘을 볶다가 (1)의 마리네이드 한 돼지고기 2큰술 정도를 넣고 볶는다.

3 (2)에 화이트와인을 넣고 2등분한 방울토마토와 다진 파슬리를 넣는다.

4 파스타를 삶는 소금물 3큰술 정도를 (3)에 넣고 토마토소스를 넣는다.

5 케일 탈리아텔레를 5분간 소금물에 삶아서 (4)에 넣어 섞는다.

6 다진 피스타치오를 (5) 위에 올린다.

케일 탈리아텔레 면(100g)
다진 돼지고기(돈육500g)
카옌페퍼(1큰술)
펜넬씨드(1/2작은술)
방울토마토(4개)
화이트와인(1큰술)
마늘(1개)
다진 파슬리(1작은술)
토마토소스(1/2컵)
피스타치오(2알)
올리브오일
소금, 후추

---

1 케일과 물을 믹서기에 곱게 갈고 체에 거른다.

2 믹싱볼에 밀가루를 넣고 (1)의 케일물을 넣어 파스타 반죽을 만든다.

3 (2)를 냉장고에서 30분 정도 숙성시킨 후에 반죽을 밀어서 탈리아텔레 면을 만든다.

케일 탈리아텔레

케일(50g)
물(100g)
밀가루(200g)

마이알레

Maiale with Lentil Stew

삼겹살(200gx4개)
페페론치노(1/6작은술)
양파(2개), 당근(1개)
셀러리(2줄기)
오렌지(1/2개)
커피콩(2큰술)
타임(2줄기)
로즈메리(3줄기)
월계수 잎(1장)
통후추(10알)
렌틸콩 스튜(3큰술)
라디치오(1/4개)
발사믹 리덕션(2큰술)
올리브오일, 다진 파슬리
소금, 후추

1 믹싱볼에 6등분한 양파, 당근, 셀러리와 껍질째 2등분한 오렌지, 커피콩, 타임, 로즈메리, 월계수 잎, 통후추를 넣는다.

2 (1)에 삼겹살을 넣고 올리브오일을 조금 첨가해 골고루 섞어준 뒤 진공팩에 넣은 채 90도 정도의 끓는 물에서 3시간 이상 조리한다.

3 (2)에서 삼겹살만 꺼내어 소금, 후추로 간을 한 뒤 팬에 올리브오일을 두르고 지방 부분부터 시작해서 모든 면을 골고루 익힌다. 175도 오븐에서 3~5분 정도 익힌다.

4 접시에 렌틸콩 스튜를 담고 발사믹 리덕션을 발라 구운 라디치오를 올리고 (3)의 익힌 삼겹살을 올린다.

렌틸콩 스튜

렌틸콩(500g)
베이컨(슬라이스2장)
양파(2개)
당근(2/3개)
셀러리(1줄기)
채소스톡(1L)
화이트와인(1큰술)
다진 파슬리(1작은술)
방울토마토(3개)
올리브오일
소금

1 렌틸콩을 물에 2시간 이상 담가놓는다.

2 양파, 당근, 셀러리를 작은 크기(0.5×0.5cm)로 자른다.

3 냄비에 올리브오일을 두르고, 먼저 베이컨을 볶은 뒤 다 익으면 베이컨만 빼내고 렌틸콩과 (2)의 채소들을 넣고 함께 볶는다.

4 화이트와인을 (3)에 넣고 다진 파슬리와 방울토마토를 넣고 채소스톡을 여러 번 나누어 넣어 렌틸콩을 익힌다.

발사믹 리덕션

발사믹 식초(200ml)
설탕(50g)

1 냄비에 발사믹 식초와 설탕을 넣어 약불에서 1/3 정도를 졸인다.

광어와 펜넬 스파게티

Spaghetti with Fresh Halibut & Fennel

1 팬에 올리브오일을 두르고 다진 마늘과 앤초비를 넣어 살짝 볶다가 손질된 광어살을 작게 잘라 넣고 함께 볶는다.

2 화이트와인을 (1)에 넣고 다진 파슬리와 2등분한 방울토마토와 슬라이스 한 펜넬을 넣어 볶는다.

3 파스타 삶을 소금물(3큰술)을 (2)에 넣어 살짝 졸인다.

4 스파게티를 소금물에 9분간 삶아서 (3)에 넣고 골고루 섞는다.

광어(50g)
방울토마토(5개)
펜넬(1/5개)
앤초비(1마리)
마늘(1개)
화이트와인(1큰술)
스파게티 면(100g)
다진 파슬리(1작은술)
올리브오일, 소금

농어와 무청 오레키에테

Orecchiette with Young Radish Stem

농어(50g)
무청(2줄기)
케이퍼베리(2알)
블랙올리브(2알)
방울토마토(4개)
다진 파슬리(1작은술)
화이트와인(1큰술)
오레키에테(80g)
페페론치노(1/5작은술)
마늘(1개)
올리브오일

1. 팬에 올리브오일을 두르고, 다진 마늘을 넣어 살짝 볶은 뒤 블랙올리브를 얇게 슬라이스 해서 케이퍼베리, 페페론치노도 함께 넣어 볶는다.
2. 손질된 농어살을 작게 자른 뒤 (1)에 넣어 함께 볶는다.
3. 화이트와인을 (2)에 넣고 2등분한 방울토마토를 다진 파슬리와 함께 넣는다.
4. 소금물 3큰술을 (3)에 넣어 살짝 졸인 뒤 오레키에테를 소금물에 9분간 삶아서 (3)에 넣어 섞는다.

오레키에테

밀가루(200g)
물(50g)

1. 믹싱볼에 밀가루를 넣고 물을 조금씩 부어가면서 섞는다.
2. (1)의 반죽을 냉장고에 30분 정도 숙성시킨 후 지름 1cm의 원형으로 만들어 얇게 자른 뒤 엄지손가락으로 살짝 눌러서 단추 모양을 만든다.

음식이 주는 즐거움, 미식을 아는 것은
인생의 큰 보물이자 고마움입니다.
저는 우리의 아이들에게
이 보물을 발견하게 해주고 싶어요.
먹거리를 통해 길러진 감성이
평생 동안 아이들 생활에
따뜻하고 긍정적인 에너지를 불어넣을 거라 확신합니다.

무화과 프로슈토

Fresh Fig with Prosuitto

프로슈토(슬라이스 6장)
무화과(1개)
파르메산 칩(4개)

1 슬라이스 한 프로슈토와 6등분한 무화과를 함께 접시에 담고 파르메산 칩을 올린다.

파르메산 칩

파르메산 치즈(4큰술)
유산지

1 접시 위에 유산지를 깔고 파르메산 치즈 가루를 촘촘하게 뿌린다. 전자레인지에 넣은 뒤 30초 간격으로 익힌다. 치즈가 딱딱해지면서 서로 엉겨붙을 때까지 익힌다.

대하구이와 브로콜리 미니샐러드

King Prawn with Broccoli Mini Salad

대하(1마리)
적채(1/8개)
채소 육수(500ml)
양파(1/4개)
브로콜리(1개)
토마토콘카세(1큰술)
잣(5알)
건포도(3알)
다진 파슬리(1/5작은술)
레드와인 드레싱(1큰술)
딜, 소금, 후추

1 브로콜리를 작은 크기로 하나씩 잘라내고 양파를 얇게 슬라이스 한다.

2 냄비에 올리브오일을 두르고, (1)의 양파를 볶다가, 브로콜리를 그다음으로 볶는다. 소금 간을 하고 채소 육수를 여러 번 나누어 부으며 브로콜리를 익힌다.

3 (2)를 믹서기에 넣어 곱게 간 뒤 체에 거른다.

4 믹싱볼에 토마토콘카세, 잣, 건포도, 작은 브로콜리, 다진 파슬리를 넣고 레드와인 드레싱을 넣어 골고루 섞는다.

5 팬에 올리브오일을 두르고, 대하에 소금, 후추 간을 하여 앞뒤를 골고루 익힌다.

6 접시에 (3)의 브로콜리 퓌레와 얇게 슬라이스 한 적채를 올리고, 소금물에 데친 브로콜리 하나를 올린 뒤 (5)의 대하를 올린다.

7 (4)의 미니샐러드를 놓고, 대하 위에 딜을 올린다.

레드와인 드레싱

레드와인 식초(1큰술)
샬롯(1/4개)
다진 파슬리(1/2작은술)
올리브오일(3큰술)
설탕(1작은술)

1 믹싱볼에 다진 샬롯과 다진 파슬리를 넣고 레드와인 식초와 설탕을 넣고 골고루 섞는다.

2 올리브오일을 천천히 부으며 골고루 섞는다.

뉴 아페리티보

The New Aperitivo

대파(1줄기)
미니양파(1개)
로메스코 소스(3큰술)

1 대파의 흰 부분만 그릴 위에서 겉이 검게 탈 때까지 익히고, 미니양파는 껍질째 그릴 위에 얹어 검게 탈 때까지 익힌다.

2 대파와 미니양파를 175도 오븐에서 5분간 다시 한번 익힌다.

3 로메스코 소스를 컵에 담고 블랙올리브 파우더를 뿌려 접시에 올린다. (2)의 익힌 대파를 올리고 아몬드 파우더를 깔고 그 위에 미니양파를 올린다.

로메스코 소스

파프리카(2개)
아몬드 파우더(3큰술)
올리브오일(3큰술)

1 파프리카에 올리브오일을 바르고 175도 오븐에 20분 정도 구운 후 껍질과 씨를 제거하고 믹서기에 넣는다. 아몬드 파우더와 올리브오일(3큰술)을 넣고 간다.

블랙올리브 가루

블랙올리브

1 블랙올리브를 얇게 원형을 살려서 슬라이스 한다.

2 오븐에 넣을 수 있는 넓은 팬에 유산지를 깔고 (1)의 블랙올리브를 겹치지 않게 올려 75도 오븐에서 반나절 정도 완전히 말린 뒤 믹서기에 넣어 곱게 간다.

겨울 비트 샐러드

My Winter Beet Salad

비트(1개)
페타 치즈(1큰술)
그린빈(1줄기)
완두콩(1개)
강낭콩(5개)
브로콜리(2개)
소렐 잎(조금)
젤라틴(1장)
레몬즙(1/2개)
물(200ml)

1 비트(1/2개)를 소금물에 끓여 완전히 익히고 나머지 비트(1/2개)를 작게 슬라이스 해서 믹서기에 넣어 물과 함께 갈고 체에 거른다.

2 익힌 비트는 직사각형 모양으로 자르고, 작은 주사위 모양으로도 자른다.

3 체에 거른 비트물에 레몬즙을 짜고 젤라틴을 넣고 젤라틴이 녹으면 냉장고에 넣는다.

4 브로콜리, 그린빈, 완두콩, 강낭콩을 소금물에 데친다.

5 접시에 (3)의 젤라틴이 들어간 비트물을 깔고, 그 위에 (2)의 익힌 비트를 올리고, 익힌 콩들과 브로콜리를 얹고, 페타 치즈를 부수어 뿌린다. 마지막으로 뒤 소렐 잎과 미니채소들을 얹어 완성한다.

밤 수프

Roasted Chestnut Soup

밤(20개)
계피스틱(1개)
우유(1.5L)
선드라이 토마토(2개)
피스타치오(2알)
생바질(1잎)
파르메산 치즈 폼(조금)

1. 밤은 껍질을 제거하고 175도 오븐에서 1분 정도 굽는다.
2. 냄비에 (1)의 구운 밤을 넣고 우유와 계피스틱을 넣고 약불에서 밤이 부서질 정도로 익힌 뒤 믹서기에 간다.
3. 선드라이 토마토와 생바질, 피스타치오를 함께 곱게 다진다.
4. 접시에 (2)의 밤 수프를 올리고 (3)과 파르메산 치즈 폼을 올리고 튀겨 낸 밤 슬라이스를 올린다.

파르메산 치즈 폼

우유(200ml)
파르메산 치즈(20g)
레시틴(1/2작은술)

1. 냄비에 우유와 간 파르메산 치즈를 넣고 치즈가 녹을 때까지 약불에서 젓는다.
2. 레시틴을 넣고 골고루 섞은 뒤 거품기를 이용해 폼을 만든다.

/

직접 재배한 재료를 손님들에게
제공한다는 것에 대해 만족감을 많이 느껴요.
사실 시중에서 구입하는 채소보다 덜 부드럽고 억세요.
하지만 알은 무척 실하죠.
원초적으로 자연에서 자란 느낌이랄까요.
저도 먹어보면서 차이를 많이 느꼈어요.
맛도 훨씬 진하고 싱싱하죠.
음식이 나갈 때마다 손님들에게 재료를 소개하는데,
셰프가 직접 재배했다고 말하면
확실히 더 믿고 음식을 드시는 것 같아요.

/

가을 꽃게 탈리아텔레

Tagliatelle with Autumn's Crab

꽃게(1마리)
마늘(1개)
방울토마토(4개)
브랜디(1큰술)
생크림(3큰술)
브로콜로니(3개)
다진 파슬리(1작은술)
레몬(1/2개)
파슬리(2줄기)
통후추(5알)
탈리아텔레 면(100g)
루콜라(조금)

1 물을 넣은 냄비에 레몬, 파슬리, 통후추를 넣고 끓인 뒤 꽃게를 넣어 익힌다.

2 (1)의 꽃게를 살만 바른다.

3 팬에 올리브오일을 두르고, 다진 마늘과 (2)의 꽃게살을 넣어 살짝 볶다가 브랜디를 넣는다.

4 (3)에 방울토마토를 2등분하여 넣고 다진 파슬리를 넣은 뒤 파스타 삶는 소금물(3큰술)을 넣고 생크림을 부어 살짝 졸인다.

5 탈리아텔레 면을 소금물에 5분간 삶고 브로콜리니도 1분 정도 삶아 (4)에 넣어 함께 섞는다.

6 (5)에 루콜라를 조금 올린다.

푸아그라 테린

Foiegras Terrine

푸아그라(200g)
소금(6g)
설탕(3g)
호두(6개)
우유(200ml)
생크림(10ml)
절인 무화과(5알)
포트와인 리덕션(1큰술)
얼그레이크림 소스(2큰술)
후추
토마토콘카세
레드래디시
딜(조금)

1 푸아그라의 힘줄을 제거하고 믹싱볼에 우유와 함께 2시간 정도 담근다.

2 (1)의 푸아그라를 체에 걸러 부드럽게 부순 뒤 소금, 후추, 생크림을 넣고 잘 섞는다.

3 랩을 넓게 펼쳐서 깔고 (2)의 푸아그라를 올리고, 절인 무화과와 호두를 넣고 동그랗게 랩을 이용해서 만다.

4 (3)의 랩으로 동그랗게 만 푸아그라에 구멍을 내고 진공팩에 넣어 70도 정도 끓는 물에서 40분 정도 익힌 뒤 차갑게 보관한다.

5 접시에 얼그레이크림 소스를 올리고 브리오슈를 동그랗게 잘라서 오븐에 구워 올리고 (4)의 푸아그라를 올린다.

6 포트와인 리덕션을 올리고, 토마토콘카세, 레드래디시, 딜로 장식한다.

얼그레이크림 소스

얼그레이(티백1개)
물(100ml)
생크림(50ml)
달걀노른자(1개)
꿀(1큰술)

1 뜨거운 물에 얼그레이티를 우린다.

2 달걀노른자를 볼에 담아 중탕물 위에서 천천히 섞고 (1)의 얼그레이티를 2큰술 정도를 넣어 섞은 뒤 꿀을 넣고 다시 한번 섞는다.

3 생크림은 조금씩 부으면서 섞어 살짝 걸쭉할 때까지 저은 뒤 차갑게 보관한다.

포트와인 리덕션

포트와인(250ml)

1 포트와인을 작은 냄비에 담아 약불에서 2/3 정도를 천천히 졸인다.

홍합사프란 키타라

Chitarra with Saffroned Mussel

1 냄비에 올리브오일을 두르고, 으깬 마늘을 넣어 볶다가 손질한 홍합을 넣고 볶는다. 화이트와인과 사프란, 다진 파슬리를 넣고, 방울토마토를 2등분하여 넣은 뒤 뚜껑을 덮는다.

2 (1)의 홍합이 입을 열면 소금물에 키타라 면을 5분간 익혀서 (1)에 넣고 생바질을 슬라이스 해서 넣어 완성한다.

홍합(20개)
사프란(1/2작은술)
마늘(1개)
다진 파슬리(1작은술)
방울토마토(4개)
화이트와인(2큰술)
생바질(2잎)
키타라 면(100g)
올리브오일
소금

킹크랩 감자카넬로니

Cannelloni Stuffed with Creamy King Crab

킹크랩(100g)
파프리카(1/2개)
양파(1/4개)
감자(1개)
리코타 치즈(3큰술)
카넬로니 면(100g)
파르메산브리 치즈크림(3큰술)
토마토콘카세
소렐
민트
딜
올리브오일
소금, 후추

1. 파프리카, 양파를 작은 크기(0.5×0.5cm)로 자른 뒤 팬에 올리브오일을 두르고 볶다가 소금, 후추 간을 하여 믹싱볼에 담는다.
2. 감자와 킹크랩을 175도 오븐에서 각각 익혀 (1)에 넣는다. 이때 킹크랩은 살만 발라서 넣는다.
3. 리코타 치즈를 (1)에 넣고 소금, 후추 간을 하면서 골고루 섞는다.
4. 소금물에 5분간 익혀낸 카넬로니 면 위에 (3)의 킹크랩 소를 넣어 동그랗게 돌돌 만다.
5. 파르메산브리 치즈크림을 접시에 붓고 (4)를 작은 크기로 잘라서 올리고 토마토콘카세, 소렐, 민트, 딜을 조금씩 올린다.

파르메산브리 치즈크림

파르메산 치즈(3큰술)
브리 치즈(3큰술)
생크림 (6큰술)
레몬(1/2개)

1. 냄비에 생크림을 넣고 파르메산 치즈와 브리 치즈를 넣고 골고루 저어서 치즈를 녹인다.
2. (1)의 치즈가 다 녹으면 레몬제스트와 레몬즙을 조금 넣는다.

파스타 면을 삶을 때 물 1L당 소금 13g을 엄수합니다.
파스타의 소스는 몇 번 씹으면 맛이 사라지기 때문에
면에 간이 잘돼야 끝까지 맛있게 즐길 수 있습니다.
이것이 제가 만든 13g의 법칙이에요.

요리에 있어서만큼은
기본과 중심을 잃지 않으려 노력해요.
현란한 조리법이나 유행하는 스타일을 따르기보다
요리의 기본이 되는 식재료에 집중하는 이유도
여기에 있습니다.

요리책에 나온 레시피를 보고
음식을 만들 때는 일단 레시피에 충실해야 해요.
3단계까지는 잘 따라하다가 4, 5단계가 되면
자기 스타일로 바뀌는 분들이 많은데,
그러면 제대로 된 요리가 나오기 힘들어요.
일단 셰프의 레시피를 믿어주는 게 필요해요.
또 좋은 원재료를 구해야 하고,
소금이나 후추 간을 잘할 수 있는 능력이 있으면
두말할 것 없이 좋아요.

토마토 카르파초

Tomato Carpaccio

1 완숙 토마토를 얇게 슬라이스 해서 접시에 펼쳐놓고 방울토마토도 4등분 해서 접시에 올린 뒤 소금, 후추를 뿌린다.

2 모스카토 젤리를 잘게 부수어 (1)의 토마토 위에 뿌리고 토마토콘카세를 올린다. 생바질과 다진 파슬리를 올려준 뒤 화이트와인 드레싱을 뿌린다.

완숙 토마토(1개)
방울토마토(3개)
생바질(2잎)
다진 파슬리(1/4작은술)
모스카토 젤리(1큰술)
화이트와인 드레싱(1큰술)
토마토콘카세(조금)
소금, 후추

모스카토 젤리

1 냄비에 모스카토 와인을 담고 열을 가한 뒤 알코올이 다 날아가면 바닐라빈과 젤라틴 2장을 넣는다.

2 골고루 섞은 후 용기에 담아 냉장고에 넣어 굳힌다.

모스카토 와인(200ml)
바닐라빈(2개)
젤라틴(2장)

콜리플라워 퓌레와 캐비아

Cauliflower Puree with Caviar

콜리플라워(1/2묶음)
감자(1/3개)
우유(500ml)
생크림(100ml)
버터(1작은술)
캐비아(1작은술)
딜

1 냄비에 우유를 붓고 콜리플라워는 작게 조각내고 감자는 껍질을 제거하고 작은 크기로 자른 뒤 함께 넣고 소금 간을 한 뒤 익힌다.

2 (1)을 믹서기에 넣고 생크림과 버터를 넣어 갈고 식힌다.

3 깨끗이 씻은 달걀껍질 속에 (2)의 콜리플라워를 넣고 캐비아를 올리고 딜로 장식한다.

바질페스토와 콘킬리에

Conchiglie Stuffed with Ricottacheese & basil pesto

1 감자를 작은 크기(0.5×0.5cm)로 잘라 소금물에 데친다. 그린빈도 데쳐 작은 크기(0.5×0.5cm)로 자른다.

2 믹싱볼에 (1)을 넣고 바질페스토와 리코타 치즈를 넣어 골고루 섞는다.

3 콘킬리에 면을 13분 정도 소금물에 익힌 다음 식히고 (2)를 채워넣고 딜과 처빌을 골고루 올린다.

콘킬리에(10개)
감자(1/3개)
그린빈(2줄기)
리코타 치즈(1큰술)
바질페스토(1큰술)
딜
처빌

---

1 믹서기에 올리브오일을 제외한 모든 재료를 넣고 올리브오일을 조금씩 나누어 넣으며 재료를 너무 곱지 않도록 약간 거칠게 간다.

바질페스토

생바질(130g)
잣(75g)
파르메산 치즈(105g)
페코리노(50g)
마늘(1개)
올리브오일(130g)

세비체

Seviche

가리비(3마리)
단새우(3마리)
오이(1/2개)
셀러리(1/3개)
샬롯(1/2개)
토마토콘카세(1큰술)
아보카도(1/2개)
고수 잎(2장)
레몬즙(1/2개)
올리브오일
사프란 폼(조금)
사프란 칩

1 손질한 단새우와 가리비를 작은 크기(0.5×0.5cm)로 자르고 오이, 셀러리, 샬롯, 아보카도도 같은 크기로 자른다.

2 (1)을 믹싱볼에 넣고, 올리브오일(3큰술), 토마토콘카세, 다진 고수 잎, 레몬즙을 넣고, 소금, 후추 간을 하여 골고루 섞는다.

3 가리비껍데기 위에 (2)를 넣고, 사프란 폼과 사프란 칩을 올린다.

사프란 폼

사프란(1/2작은술)
우유(200ml)
레시틴(1/2작은술)

1 냄비에 우유를 넣고 사프란을 넣고 약불에서 살짝 끓인다.

2 레시틴을 (1)에 넣어 잘 섞는다.

3 휘퍼를 이용해 (2)에 거품을 내서 사용한다.

사프란 칩

사프란(1/2작은술)
전분 가루(100g)
물(70g)

1 미지근한 물(70g)에 사프란을 넣는다.

2 전분 가루를 믹싱볼에 넣고 (1)을 넣어 골고루 섞은 뒤 물을 조금 더 넣어 묽은 반죽을 만든다.

3 팬을 약불에 올려 (2)의 반죽을 크레페 만들 듯 얇게 펴서 익힌다.

해산물구이와 파인애플 퓌레

Poached & Grilled Lobster with Pineapple

1 펜넬을 얇게 슬라이스 한다.

2 파인애플은 껍질을 제거하고 작게 잘라서 믹서기에 넣고 올리브오일(2큰술)을 넣고 곱게 간다.

3 셀러리, 양파를 큼직하게 자르고, 파슬리, 레몬을 냄비에 넣고 끓인다.

4 로브스터를 (3)에 넣어 반 정도만 익힌다.

5 (4)의 로브스터를 살만 발라낸다.

6 팬에 올리브오일을 두르고, 로브스터와 관자에 소금, 후추 간을 한 뒤 익힌다.

7 접시에 (2)의 파인애플을 올리고 (6)의 구운 로브스터와 관자를 얹은 다음 (1)의 펜넬과 산딸기로 마무리한다.

로브스터(1/2마리)
펜넬(1/5개)
관자(1개)
산딸기(1개)
파인애플(1/4개)
올리브오일
셀러리(1줄기)
양파(1/2개)
파슬리(2줄기)
레몬(1/2개)
소금, 후추

스모크 꽁치와 레드와인 식초에 절인 포도

Smoked Saury with Marinated Sweet Grape

꽁치(1마리)
포도(10알)
레드와인 식초(3큰술)
참나무(500g)
양파(1개)
건포도(5알)
타임(1줄기)
올리브오일
레드래디시
루콜라
소금, 후추

1. 꽁치를 손질하고 소금을 살짝 뿌려서 30분 정도 절인다.

2. 오븐 바닥에 참나무를 깔고 불을 붙여서 태운다. 연기가 나올 때 용기 위에 연기가 통할 수 있는 작은 철판을 올리고 (1)의 꽁치를 90도에서 1시간 정도 훈제한다.

3. 양파를 슬라이스 한 뒤 팬에 올리브오일을 두르고, 양파가 갈색이 될 때까지 익힌 다음 건포도와 다진 타임을 넣고 소금, 후추 간을 하여 익혀서 식힌다.

4. 믹싱볼에 포도 껍질을 제거하여 넣고 레드와인 식초에 올리브오일(1큰술)을 넣어 소금, 후추 간을 한 뒤 포도와 함께 골고루 섞는다.

5. 접시에 꽁치를 3등분하여 (3)의 양파를 올리고, (4)의 레드와인에 절인 포도를 올린 뒤 얇게 슬라이스 한 레드래디시와 루콜라로 장식한다.

렌틸콩 수프

Letil Soup

1 렌틸콩을 물에 2시간 이상 담가놓는다.

2 마늘은 으깨고 초리조, 양파, 당근, 셀러리는 작은 크기(0.5×0.5cm)로 자른다.

3 냄비에 올리브오일을 두르고, 초리조를 넣어 볶는다.

4 (1)을 채에 걸러내 렌틸콩을 (3)에 넣고 볶다가 화이트와인을 붓는다. (2)의 채소를 넣어 볶고, 채소 육수를 여러 번 나누어 넣고 익힌다.

5 (4)를 믹서기에 간 다음 접시에 붓고 초리조와 익힌 렌틸콩을 올린다.

렌틸콩(2컵)
초리조(1/6개)
마늘(2개)
양파(1/3개)
당근(1/2개)
셀러리(1줄기)
타임(2줄기)
채소 육수(1L)
화이트와인(1큰술)
올리브오일, 소금

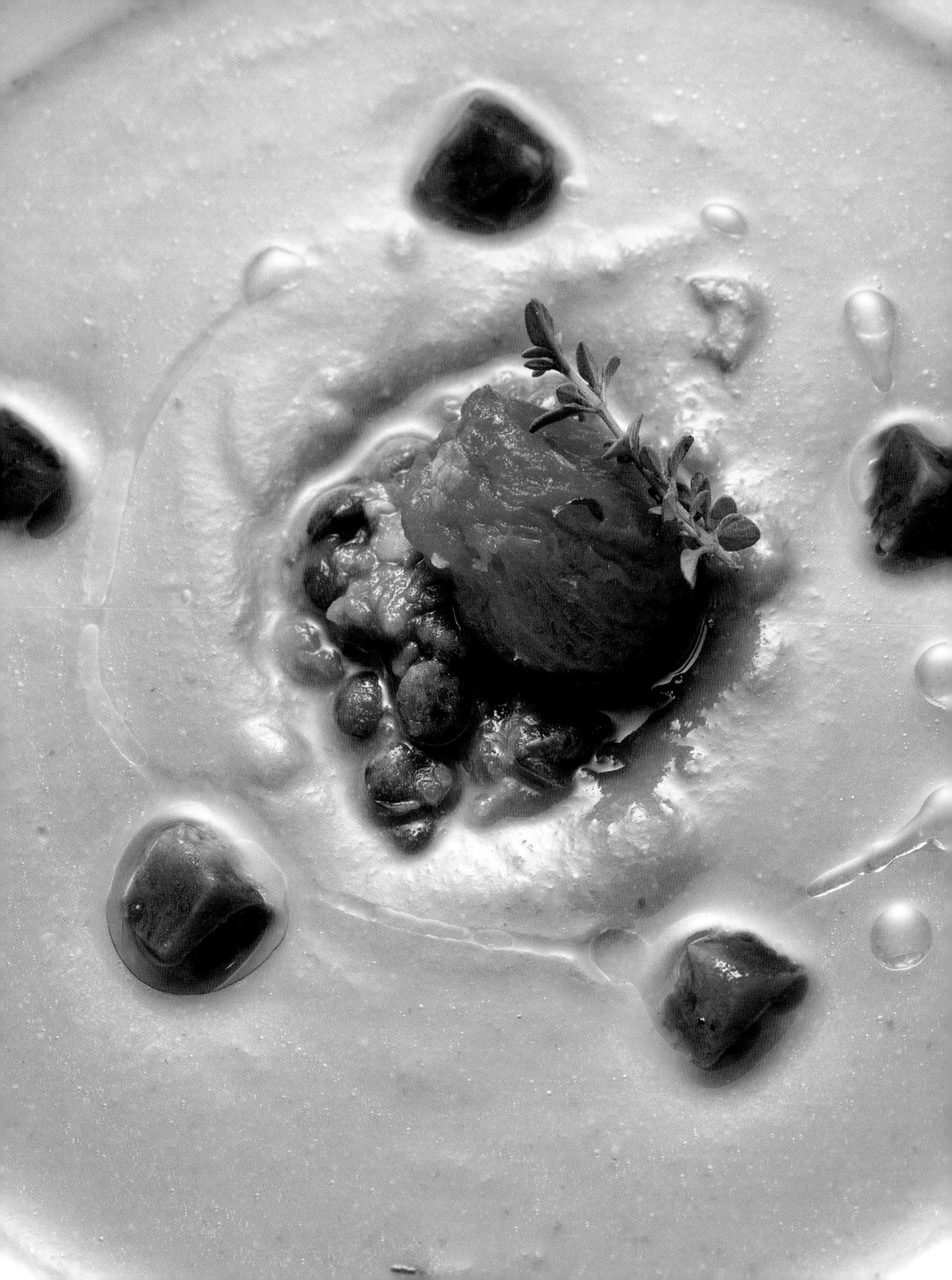

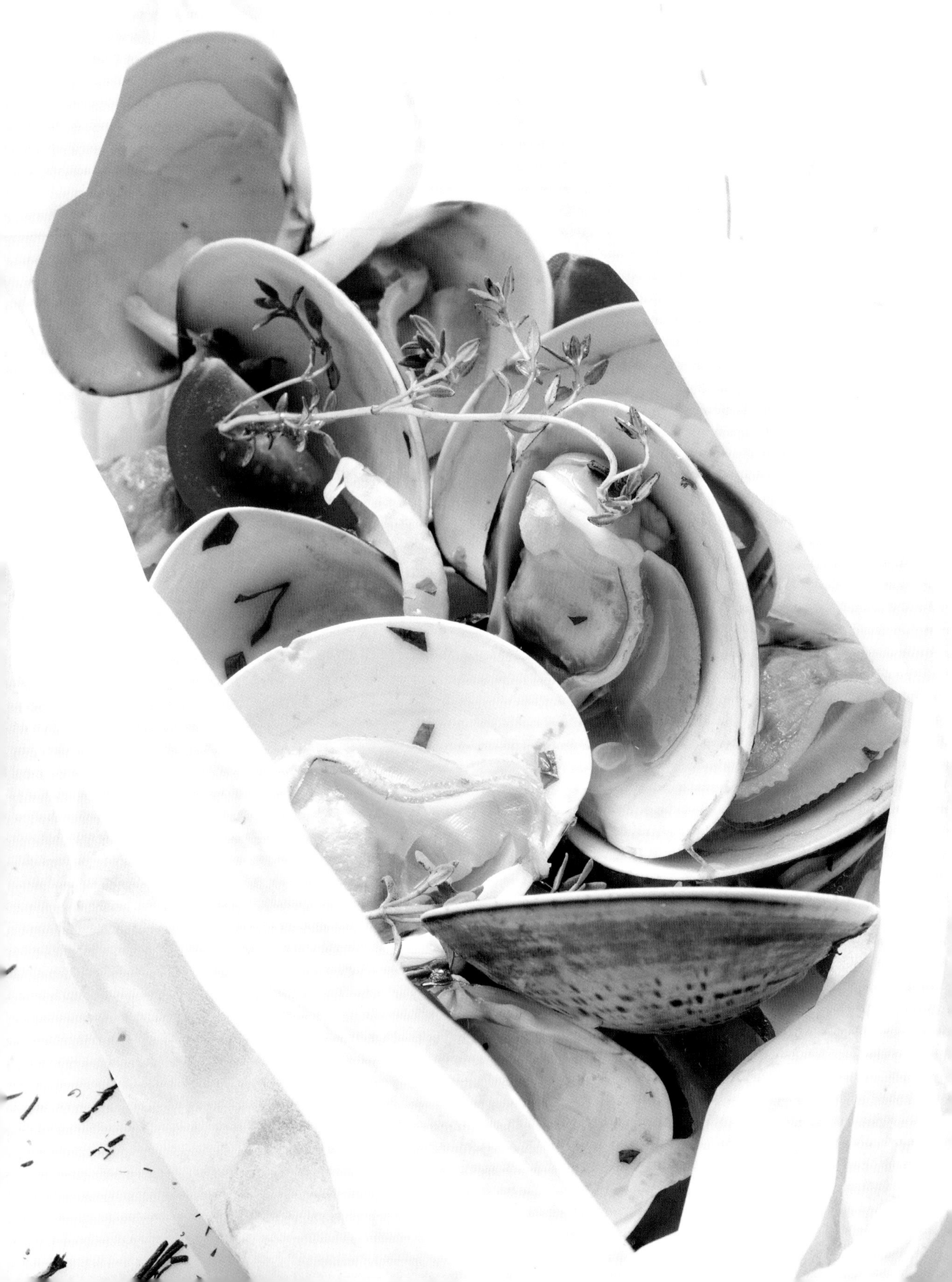

중합 카르토초

Savory Clam Cartoccio

중합(15개)
마늘(1개)
다진 파슬리(1작은술)
방울토마토(3개)
화이트와인(2큰술)
타임(1줄기)
유산지
올리브오일

1 유산지를 사탕 껍질 모양으로 만들어놓는다.

2 팬에 올리브오일을 두르고, 마늘을 살짝 으깨서 볶다가 중합을 넣고 다시 한번 볶는다.

3 2등분한 방울토마토를 (2)에 넣어 살짝만 볶다가 (1)의 유산지에 넣는다. 타임을 올린 다음 완전히 덮고 175도 오븐에 5분 정도 익힌다. 다진 파슬리를 뿌려 마무리한다.

시금치 퓌레와 농어구이

Pan Seared Seabass with Winter's Spinach Puree

1 양파와 감자를 얇게 슬라이스 한다.

2 냄비에 올리브오일을 두르고, 양파를 볶다가 감자를 넣고 볶는다.

3 시금치를 깨끗이 씻어서 (2)에 넣고 다시 한번 볶은 뒤 채소 육수를 넣고 익힌다.

4 (3)을 생크림과 함께 믹서기에 넣고 곱게 갈아 소금 간을 한다.

5 팬에 올리브오일을 두르고, 농어에 소금, 후추 간을 하여 익힌다.

6 접시에 (4)의 시금치 퓌레를 깔고 (5)의 농어구이와 살사베르데를 순서대로 올리고 리코타 치즈를 조금씩 뿌린다.

농어(100g)
시금치(1단)
양파(1/2개)
감자(1/3개)
채소 육수(250ml)
생크림(50ml)
살사베르데(1큰술)
리코타 치즈(1작은술)
올리브오일
처빌
소금, 후추

---

1 완숙한 달걀을 믹싱볼에 넣고 디종머스터드를 넣는다.

2 케이퍼베리, 샬롯, 마늘, 콘니촌을 다져서 (1)에 넣고, 화이트와인 식초와 다진 파슬리, 올리브오일(1큰술)을 넣고, 골고루 섞는다.

살사베르데

달걀(1개)
디종머스터드(2작은술)
케이퍼베리(2개)
샬롯(1/4개)
콘니촌(2개)
다진 파슬리(1/3작은술)
화이트와인 식초(1큰술)

쿠스쿠스와 크랩 케이크

My Lovely Spring's Crabcake

쿠스쿠스(1컵)
아스파라거스(2개)
레몬제스트(1/4개)
사워크림 소스(2큰술)
게살(100g)
파프리카(빨강+녹색1/2개)
머스터드(1작은술)
마요네즈(1큰술)
빵가루
올리브오일
소금, 후추

1 파프리카를 작은 크기(0.5×0.5cm)로 자른다. 팬에 올리브오일을 두르고, 파프리카에 소금 간을 한 뒤 익혀서 믹싱볼에 넣는다.

2 익힌 게살을 살짝 다져서 빵가루와 함께 (1)에 넣고 머스터드와 마요네즈를 버무려 골고루 섞는다.

3 팬에 올리브오일을 두르고, 원형 모양의 몰드를 사용해서 (2)를 채워넣어 위아래 부분을 익히고 175도 오븐에 3분 정도 넣는다.

4 접시에 사워크림 소스를 깔고 (3)의 쿠스쿠스 샐러드를 얹고 (3)의 구운 크랩 케이크를 올린 뒤 레몬제스트를 뿌린다. 데쳐놓은 아스파라거스를 올린다.

쿠스쿠스 샐러드

쿠스쿠스(1컵)
양파(1/6개)
당근(1/8개)
애호박(녹색 부분만 1/4개)
채소 육수(1컵)
올리브오일, 소금, 후추

1 양파, 당근, 애호박을 작은 크기(0.5×0.5cm)로 자른다.

2 팬에 올리브오일을 두르고 (1)의 채소를 볶다가 쿠스쿠스를 넣어 다시 한번 볶는다. 채소 육수를 여러 번 나누어 넣어 익히고 소금 간을 한다.

사워크림 소스

사워크림(3큰술)
샬롯(1/6개)
레몬(1/4개)
차이브(조금)
소금

1 샬롯을 다지고 차이브를 얇게 슬라이스 한다.

2 믹싱볼에 사워크림과 (1)의 샬롯을 넣은 뒤 레몬즙을 짜고 레몬제스트를 넣는다.

3 차이브를 넣고 소금 간을 한다.

새우구이와 피클 채소

Pan Fried King Prawn with Caponata & Sweet corn

새우(2마리)
채소 카포나타(1큰술)
피클 채소(1큰술)
캔 옥수수(1/2컵)
감자(1/2개)
우유(500ml)
생크림(100ml)
피스타치오(2알)
블랙올리브 파우더(1작은술)
미니채소 아란치니(1개)
파르메산 치즈 폼
올리브오일
소금, 후추

1. 감자는 껍질을 제거하고 작은 크기(0.5×0.5cm)로 자른 뒤 옥수수와 함께 냄비에 넣고 우유를 부어 익힌다.
2. (1)의 감자가 다 익으면 생크림을 넣고 간 뒤 체에 거른다.
3. 팬에 올리브오일을 두르고, 손질한 새우에 소금, 후추 간을 한 뒤 앞뒤로 노릇하게 굽는다.
4. 접시에 (2)의 옥수수 퓌레, 채소 카포나타를 순서대로 올린다.
5. 구운 새우를 (4)의 채소 카포나타 위에 얹고, 피클 채소와 크레송, 파르메산 치즈 폼을 올리고, 미니채소 아란치니를 올린다.
6. 블랙올리브 파우더와 피스타치오를 다져서 마지막에 올려준다.

미니채소 아란치니

파프리카(1/2개)
양파(1/4개)
애호박(1/3개)
모차렐라 치즈(1큰술)
달걀(1개)
밀가루(1/2컵)
빵가루(1컵)

1. 파프리카, 양파, 애호박을 작은 크기(0.5×0.5cm)로 자른 뒤 팬에 올리브오일을 두르고, 함께 볶으며 소금, 후추 간을 해 식힌다.
2. (1)을 믹싱볼에 넣고 모차렐라 치즈를 작은 크기로 잘라 넣는다. 지름 2cm 원형으로 동그랗게 만들고 밀가루 옷을 입혀 달걀물을 적시고 빵가루에 굴린다.
3. (2)를 튀김용 오일에 넣어 겉을 노릇하게 튀겨낸다.

피클 채소

물(100ml), 소금(10g)
화이트 발사믹식초(130g)
설탕(100g), 양송이버섯(1개)
빨간 파프리카(1/4개)
노란 파프리카(1/4개)

1. 냄비에 물, 화이트 발사믹식초, 소금, 설탕을 넣고 약불에서 소금, 설탕을 녹인 뒤 식힌다.
2. 양송이버섯을 4등분하고 파프리카를 원형으로 자른 후 (1)에 넣어 하루 정도 숙성시킨다.

블랙올리브 파우더

블랙올리브

1. 블랙올리브의 원형을 살려서 얇게 슬라이스 한다.
2. 오븐에 넣을 수 있는 넓은 팬에 유산지를 깔고 (1)의 블랙올리브를 겹치지 않게 깔아 75도 오븐에서 반나절 정도 완전히 말리고 믹서기에 넣어 곱게 간다.

파르메산 치즈 폼

우유(200ml)
파르메산 치즈(20g)
레시틴(1/2작은술)

1. 냄비에 우유와 간 파르메산 치즈를 넣고 치즈가 녹을 때까지 약불에서 젓는다.
2. 레시틴을 넣고 골고루 섞는다. 거품기를 이용해 폼을 만든다.

채소 카포나타

가지(1개)
애호박(1개)
잣(1작은술)
토마토소스(3큰술)
레드와인 식초(1작은술)
설탕(1/2작은술)
건포도(6알)
밀가루(1컵)
생바질(2잎)
튀김용 오일

1. 가지, 애호박을 작은 주사위 크기(1×1cm)로 자르고 밀가루 옷을 입혀 튀김용 오일에 살짝 튀긴다.
2. 튀겨낸 애호박과 가지를 믹싱볼에 담아 잣, 토마토소스, 레드와인 식초, 설탕, 건포도를 넣어 골고루 섞고 마지막으로 다진 생바질을 넣어 다시 한번 섞는다.

요리사였던 어머니 덕분에
어릴 적부터 자연스럽게 요리사를 꿈꾸게 됐어요.
만들고, 조합하고, 접시에 담아보고,
사람들의 반응을 보는 과정이 즐거웠어요.
요리사로서 성공을 하겠다거나
일류 셰프가 되겠다는 생각이 아니라,
요리라는 행위 자체가 좋았어요.

buonaSera
Executive Chef
Sam Kim

/

모든 사람의 입맛을 만족시키는
요리가 있냐는 질문을 많이 받아요.
그럴 때 저는 주저 없이 '진심이 담긴 요리'라고 말해요.
음식을 만드는 과정에 담긴 진심은
모든 사람이 느낄 수 있다고 믿어요.
조개를 일일이 열어 손질하고,
방울토마토를 하루에 몇 번씩 바꿔가면서 쓰고,
조미료 전혀 쓰지 않고 맛을 내는 과정을
손님에게 다 설명할 필요가 없다는 걸 알았어요.
진심을 다해 만들었으니까요.
최고의 비결이죠.

/

Special thanks to
박준우 이성형 최기용 노지혜 황희재
하근호
김진우
박준철
김지수
정현우
임경주

우종명
송병성
박대산
최솔비
샘킴

한 달에 한 번은,
나를 위한 파인다이닝

1판 1쇄 2014년 12월 15일 | 2판 1쇄 2019년 1월 25일

지은이 샘킴
사진 강희갑

편집장 김지향 **책임편집** 김지향 **편집** 이희숙 박선주 **모니터링** 이희연
디자인 최정윤 **마케팅** 최향모 이지민 **관리** 윤영지
홍보 김희숙 김상만 이천희 **제작** 강신은 김동욱 임현식

펴낸이 이병률
펴낸곳 달
브랜드 벨라루나
출판등록 2009년 5월 26일 제406-2009-000034호

주소 10881 경기도 파주시 회동길 455-3
전자우편 dal@munhak.com
전화번호 031-8071-8681(편집) 031-8071-8670(마케팅) **팩스** 031-8071-8672

ISBN 979-11-5816-090-6 13590

• 벨라루나(Bella Luna)는 달 출판사의 실용 브랜드입니다.
• 이 책은 2014년 출간된『자연주의 셰프 샘킴의 이탤리언 소울푸드』의 개정판입니다.

• 이 도서의 국립중앙도서관 출판시도서목록(CIP)은 서지정보유통지원시스템 홈페이지(http://seoji.nl.go.kr)와
국가자료공동목록시스템(http://www.nl.go.kr/kolisnet)에서 이용하실 수 있습니다.
(CIP제어번호: CIP 2019000588)